智慧钢筋翻样与下料实例工作手册

主　编　刘　萍　黄　雷　李立宁
副主编　文　博　郭　杨　兰　秋
谭　鹏　何玮明

中国建材工业出版社

图书在版编目（CIP）数据

智慧钢筋翻样与下料实例工作手册 / 刘萍，黄雷，李立宁主编．-- 北京：中国建材工业出版社，2024.3
ISBN 978-7-5160-3597-9

Ⅰ．①智… Ⅱ．①刘… ②黄… ③李… Ⅲ．①建筑工程－钢筋－工程施工－高等职业教育－教材 ②钢筋混凝土结构－结构计算－高等职业教育－教材 Ⅳ．① TU755.3 ② TU375.01

中国版本图书馆 CIP 数据核字（2022）第 195800 号

智慧钢筋翻样与下料实例工作手册
ZHIHUI GANGJIN FANYANG YU XIALIAO SHILI GONGZUO SHOUCE
主　编　刘　萍　黄　雷　李立宁
副主编　文　博　郭　杨　兰　秋　谭　鹏　何玮明

出版发行：中国建材工业出版社
地　　址：北京市海淀区三里河路 11 号
邮政编码：100831
经　　销：全国各地新华书店
印　　刷：中煤（北京）印务有限公司
开　　本：787mm×1092mm　1/16
印　　张：8.25
字　　数：180 千字
版　　次：2024 年 3 月第 1 版
印　　次：2024 年 3 月第 1 次
定　　价：49.80 元

本社网址：www.jccbs.com，微信公众号：zgjcgycbs

本书如有印装质量问题，由我社事业发展中心负责调换，联系电话：（010）57811387

党的二十大报告指出：教育、科技、人才是全面建设社会主义现代化国家的基础性、战略性支撑。必须坚持科技是第一生产力、人才是第一资源、创新是第一动力，深入实施科教兴国战略、人才强国战略、创新驱动发展战略，开辟发展新领域新赛道，不断塑造发展新动能新优势。

我们要坚持教育优先发展、科技自立自强、人才引领驱动，加快建设教育强国、科技强国、人才强国，坚持为党育人、为国育才，全面提高人才自主培养质量，着力造就拔尖创新人才，聚天下英才而用之。

教育是国之大计、党之大计。培养什么人、怎样培养人、为谁培养人是教育的根本问题。育人的根本在于立德。全面贯彻党的教育方针，落实立德树人根本任务，培养德智体美劳全面发展的社会主义建设者和接班人。深化教育领域综合改革，加强教材建设和管理，完善学校管理和教育评价体系，健全学校家庭社会育人机制。

本教材以习近平新时代中国特色社会主义思想为指导，深入贯彻习近平总书记关于教材工作的重要指示，落实全国教材工作会议精神，树牢责任意识和阵地意识，创新建设理念，重视应用实践，打造培根铸魂、启智增慧、适应时代要求的精品教材。

前　言

混凝土结构是目前我国土木工程最广泛使用的结构形式，钢筋工程作为现浇钢筋混凝土结构工程、装配式混凝土结构工程和钢 - 混凝土组合结构工程等施工中最重要的分项工程之一，对施工管理、作业人员的钢筋翻样与下料技能提出了很高要求。伴随建筑信息化、建筑工业化的发展进程，传统钢筋翻样、下料方法已无法适应日新月异的装配式构件、钢筋工厂化加工方法，培养一批掌握现代建筑信息模型（BIM）技术，能进行基于 BIM 技术的钢筋智能、自动化翻样下料的职业技能人才十分紧迫。

教材编写组在考察目前市面常见教材的基础上，结合产教融合协作企业的实际需求，提出应编写一本基于 BIM 可视化技术的钢筋建模教材，并可用于钢筋智能加工制造的工作手册式活页教材。本教材的创新之处在于 BIM 钢筋建模、企业信息物理系统 CPS 钢筋智慧制造 BIM 平台的使用，过程中融入钢筋基本构造和原理的讲解，力图将钢筋构造、钢筋翻样三维可视化、钢筋翻样操作参数化、真实项目实例和智能制造生产工艺有机结合起来，以克服部分教材仅注重讲解“22G”系列平法图集、不结合工程实际，或仅讲解手工翻样、无法适应智能钢筋制造的不足，填补了此类教材的空白。除此之外，本教材还将“精于工、匠于心、品于行”的思政元素融入专业知识当中。

本教材可供土木专业钢筋翻样工作人员参考，以及土木专业在校大学生学习使用。

本教材通过“钢筋翻样与下料工作内容”“注意事项”“工作步骤”为主要章

节脉络，紧扣工具手册式教材灵活实用的特点，提供了以下教学内容可供使用：

1. 现浇钢筋混凝土结构主要构件（包括柱、墙、梁、板、楼梯等）的钢筋构造形式和构造原理；

2. 采用“22G”系列平法图集标注的实际工程图纸中主要构件钢筋下料建模和翻样计算；

3. 在主流 BIM 模型中进行主要构件钢筋建模的方法；

4. 在钢筋智能制造企业基于 BIM 模型的信息物理系统（CPS）接口软件中输入钢筋翻样数据，一键排布钢筋生产的操作方法；

5. 利用 BIM 技术初步统计钢筋翻样、下料数据的方法等。

教学团队或教材使用者可利用本教材活页式特点，进行自由选择和组合，也可以采用从始至终的顺序教学或使用，从而直接培养适合建筑智能制造企业深化设计、工艺生产的技能人才。

此外，本教材还配套有以下教学资源库：

1. 与教材章节配套的演示文稿 PPT ；

2. 使用“22G”系列平法图集标注的真实项目案例图纸；

3. 主要构件 BIM 钢筋模型；

4. 主要构件钢筋下料建模和翻样计算的讲解视频；

5. 主要构件 BIM 钢筋建模的讲解视频；

6. 主要构件钢筋翻样数据在钢筋智能制造企业信息物理系统（CPS）接口软件输入操作的讲解视频；

7. 图纸及图集配套习题库；

8. 配套“22G”系列平法图集习题库；

9. 钢筋智能制造企业信息物理系统（CPS）接口软件的免费试用版等。

采用本教材的教学团队、手册使用者，可通过扫描教材中对应二维码的方式获取相关教学资源，便于快速便捷组织课前预习、课中测验、课后作业、教学考核等的安排。

本教材由南宁职业技术学院刘萍、黄雷、李立宁担任主编，文博、郭杨、兰秋、广西现代职业技术学院谭鹏、广西建工积健建材制造有限公司何玮明担任副主编，其中，单元 1、4、5、8 由刘萍编写，单元 2 由文博编写，单元 3 由郭杨写，单元 6 由黄雷编写，单元 7 由李立宁编写，兰秋、谭鹏、何玮明负责图纸、视频的收集整理。

本教材由南宁职业技术学院莫荣锋教授负责审阅；广西建工积健建材制造有限公司为本教材提供了免费试用版的钢筋智能制造企业信息物理系统（CPS）接口软件，该公司技术负责人何玮明、曾华锋给予了过程中的帮助和指导；本教材编写过程中参考、使用了部分图纸、同类型文献资料和教材，在此一并表示衷心感谢！

由于编者水平所限，书中难免有疏漏和不足之处，敬请广大读者批评指正。

与教材配套的课程学习平台班级二维码：欢迎加入学习。

目 录

1

智慧钢筋翻样与下料工作流程

智慧钢筋翻样与下料工作流程如图 1.0.1 所示。

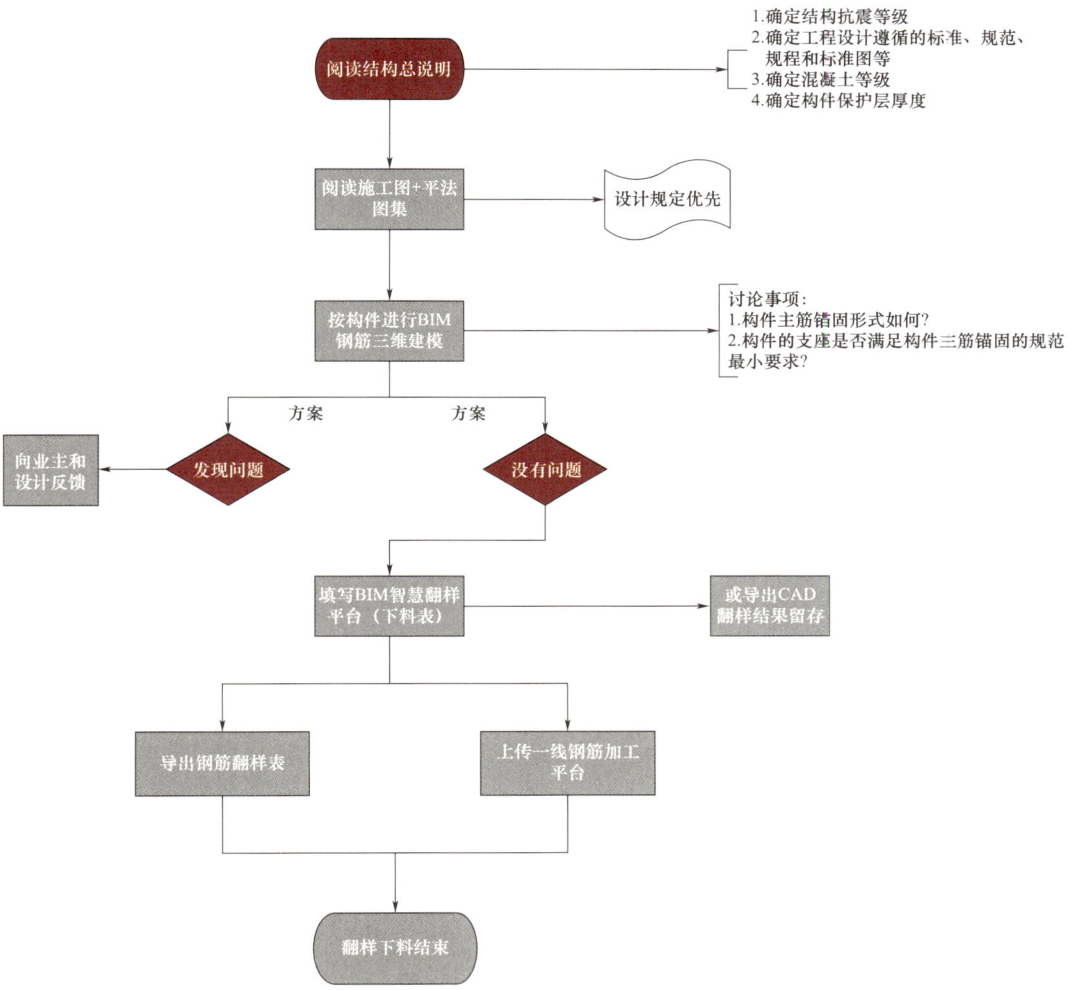

图 1.0.1　智慧钢筋翻样与下料工作流程

2

独立基础智慧钢筋翻样与下料

【学习目标】

知识目标：掌握集中标注、原位标注平法标注方法；熟练识读与绘制独立基础的平法施工图；掌握基础钢筋的构造与图示尺寸的计算；能进行独立基础钢筋下料长度的计算与翻样。

能力目标：通过独立基础制图规则及钢筋构造的学习，能够读懂图纸，并根据设计及图集规定，将钢筋用 BIM 技术正确翻样出来，填写 CPS 智慧钢筋 BIM 翻样平台，导出下料表。同时在学习中获得举一反三的通学能力，能够读懂其他类型基础钢筋的构造。

素养目标：通过识图与规范的学习，培养与他人精诚合作的精神，遇到问题困难，正确面对、积极寻求解决办法，会使用先进的 BIM 技术完成复杂节点钢筋翻样的创新能力。

【关键概念】

独立基础。

2.1 独立基础钢筋翻样与下料工作内容

1. 结合 22G101-3《混凝土结构施工图平面整体表示方法制图规则和构造详图（独立基础、条形基础、筏形基础、桩基础）》进行图纸识读；

2. 归纳总结构件钢筋翻样的已知条件；

3. 用 BIM 技术进行三维可视化钢筋翻样；

4. 填写 BIM 智慧钢筋翻样平台；

5. 导出下料表。

2.2 独立基础钢筋翻样与下料工作注意事项

1. 独立基础底板配筋一般构造：*X* 方向与 *Y* 方向长向钢筋在下，短向在上；

第一根钢筋从基础边缘的起点距离取钢筋间距的一半与 75mm 两者的小值。

2. 独立基础底板长度大于 2.5m 时构造：除四边外侧钢筋外，平行于该边长的钢筋长度可取边长的 90%，底板配筋交错布置。

3. 注意基础埋深及基础顶标高，根据设计意图，不同埋深及顶面标高与基础底板相对位置的不同，基础形式不同，钢筋样式不同。

2.3　独立基础钢筋翻样与下料工作步骤

计算要求：根据图纸，请对图纸中 S3-5 × S3-D 处 JC4 进行钢筋翻样，如图 2.3.1 所示，其他需要用到的图纸，请查阅下载图纸（附录 2）。要求：1. 用 BIM 将 JC4 模型进行翻样，标注长度后，导出 CAD 格式留存；2. 将钢筋翻样结果填写到 BIM 智慧翻样平台，导出下料表留存。

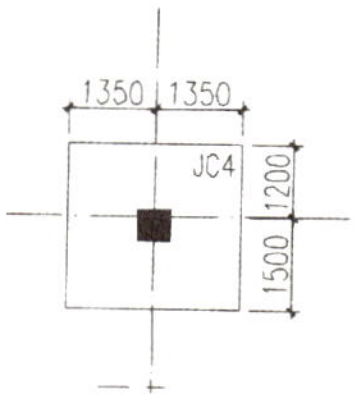

独基编号	独基平面尺寸 A1(X向)XA2(Y向) (mm)	独基高度H (mm)	Asx	Asy
JC4	2700X2700	700	ϕ14@130	ϕ14@130

图 2.3.1　轴线 S3-5 × S3-D 处 JC4 配筋示意

2.3.1 独立基础平法标注讲解：详见以下视频

视频 1. 独立基础平法概述

视频 2. 独立基础集中标注编号及竖向尺寸两项必注值

视频 3. 独立基础集中标注中配筋及两项选注内容

视频 4. 原位标注

视频 5. 独立基础底板配筋构造一般情况 1

视频 6. 独立基础底板配筋构造一般情况 2

视频 7. 独立基础底板配筋第二种情况

视频 8. 独立基础底板配筋剪短 10% 构造

2.3.2 翻样需要用到的必要构造信息

（1）独立基础的类型、截面尺寸。

（2）独立基础底板双向钢筋的种类、直径及间距。

（3）独立基础底板配筋除最外侧四根钢筋外，长度减短 10% 构造。

（4）独立基础混凝土强度、保护层厚度取值。

（5）独立基础底板钢筋的边缘起步距离。

2.3.3 从图纸信息归纳已知条件

视频 1. 从图纸查找归纳翻样的必要数据 1（轮廓尺寸及定位）

视频 2. 从图纸查找归纳翻样的必要数据 2（底板钢筋规格）

视频 3. 从图纸查找归纳翻样的必要数据 3（钢筋样式的选择）

视频 4. 从图纸查找归纳翻样的必要数据 4（钢筋长度）

视频 5. 从图纸查找归纳翻样的必要数据 5（混凝土等级及垫层）

视频 6. 从图纸中查找归纳翻样的必要数据 6（底板钢筋起步距离）

（1）独立基础的类型、截面尺寸：由图 2.3.1 轴线 S3-5 × S3-D 处 JC4 配筋示意可知，本基础为阶型普通独立基础，阶数为一。基础底面为正方形，底面尺寸为：2700mm × 2700mm，基础底板竖向尺寸 h=700mm。

（2）独立基础底板双向钢筋的种类、直径及间距：由图 2.3.1 轴线 S3-5 × S3-D 处 JC4 配筋示意可知，独立基础底板双向配筋均为直径为 14mm、间距为 130mm 的 HRB400 钢筋。

（3）基础样式的选择：如图 2.3.2、图 2.3.3 及图 2.3.4 所示，轴线 S3-5 × S3-D 处 JC4 基础的基础面标高为 −6.700m，低于所在位置的底板面标高 −5.300m 及顶板面标高 −5.750m，根据平面图地基做法大样图说明，选择样式二。

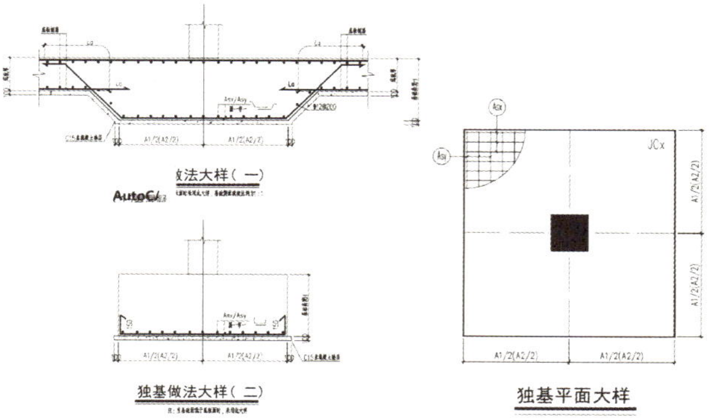

图 2.3.2　基础平面图独立基础大样做法

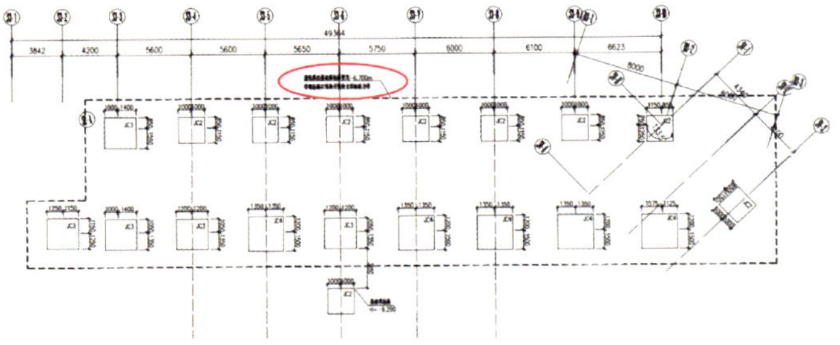

图 2.3.3　JC4 所在位置基础标高示意

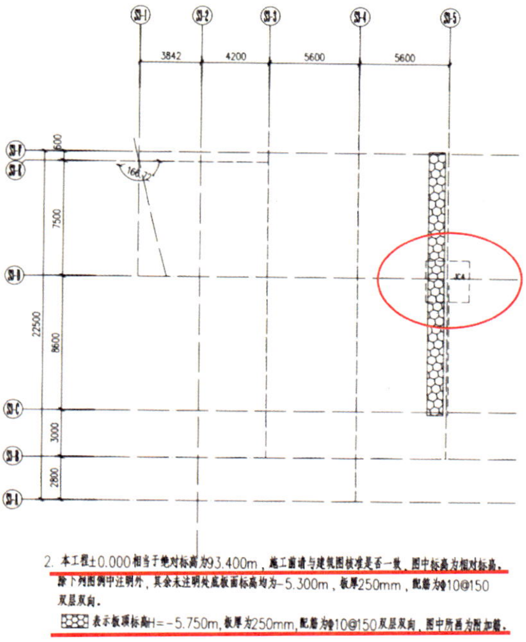

图 2.3.4　JC4 所在位置基础底板标高示意

（4）边缘钢筋：基础边长 – 保护层 ×2=2700–40×2=2620mm；向上弯折 $15d$=15×14=210mm。

（5）独立基础底板配筋长度减短 10% 构造：如图 2.3.1 及图 2.3.5 所示，JC4 基础底板 X 及 Y 向长度均为 2.7m，大于 2.5m，符合独立基础底板长度大于 2.5m 时构造配筋要求。故除外侧基底钢筋长度不折减外，其余底板配筋长度可取底板长度的 0.9 倍，并宜交错布置。即 X 及 Y 向为 0.9×2700=2430mm，再结合图 2.3.2 可知，设计要求 X 及 Y 方向为隔一弯一，则未发生弯折的底板折减钢筋长度为 2430mm，向上弯折 $15d$=15×14=210（mm）。

5. 当柱下钢筋混凝土独立基础的边长大于或等于2.5m时，底板受力钢筋的长度可取边长的0.9倍，并交错布置
最外侧基底钢筋长度不折减。

图 2.3.5　基础平面图说明（一）

（6）独立基础混凝土强度、有无垫层、保护层厚度取值：如图 2.3.6 所示，混凝土强度等级 C30；如图 2.3.7 及图 2.3.2 所示，基础的垫层为 100mm 厚，基础底板的保护层厚度为 50mm。

说明：

1. 本工程±0.000相当于绝对标高为93.400m，施工前请与建筑图核准是否一致，图中标高为相对标高。
除图中特殊注明外，其余未注明独立基础的顶标高均为−5.300m。
2. 基础强度等级均为C30，抗渗等级为P6，钢筋采用HRB400钢筋(Φ)。

图 2.3.6　基础平面图说明（二）

4 、混凝土保护层及钢筋连接锚固

4.1 普通钢筋及预应力筋的混凝土保护层

4.1.1 构件中受力钢筋的保护层最小厚度要求按照《22G101-1》第56页取值.

4.1.2 无腐蚀环境下，当地下室墙体采取可靠的建筑防水或防护措施时，与土层接触一侧的保护层厚度不应小于25mm。

4.1.3 钢筋混凝土基础宜设置混凝土垫层，基础中钢筋的混凝土保护层厚度应从垫层顶面算起，且不应小于40mm。

4.1.4 在腐蚀环境下，全部钢筋(纵筋、箍筋、分布筋等)的混凝土保护层最小厚度，应符合下表的规定。

混凝土保护层最小厚度(mm)		
构件类别	强腐蚀	中、弱腐蚀
板、墙等面形构件	35	30
梁、柱等条形构件	40	35
基础	50	50
地下室外墙及底板	50	50

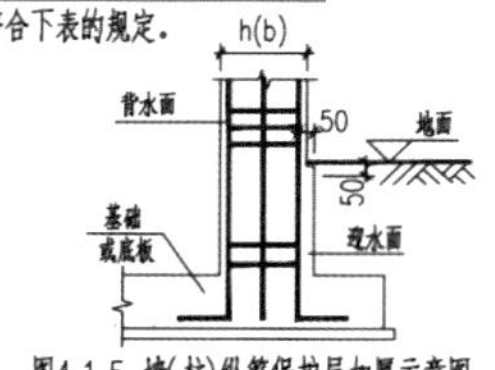

图4.1.5 墙(柱)纵筋保护层加厚示意图

图 2.3.7　结构设计总说明

（7）独立基础底板钢筋的边缘起步距离：本项目中 JC4 基础底板起步钢筋与基础边缘的距离不大于 75mm，且不大于 $s/2$=130/2=65mm，故起步钢筋与基础边缘的距离可取 65mm。根据图集《22G101-3》中第 70 页，如图 2.3.8 所示。

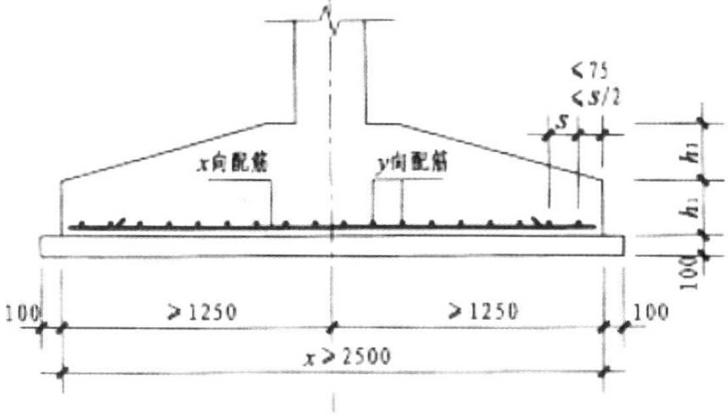

图 2.3.8　独立基础底板配筋长度减短 10% 构造

（8）汇总钢筋信息见表 2.3.1。

表 2.3.1 DJ4 钢筋信息汇总表 单位：mm

基础底板钢筋		分段长度	边缘起步距离	钢筋间距	混凝土保护层
X/*Y* 方向	边缘钢筋	15*d*=210；2620	65	130	40
	中部钢筋	15*d*=210；2430	/		

2.3.4 BIM 参数化模型应用——钢筋建模

视频 1. 独立基础混凝土轮廓

视频 2. 独立基础底板钢筋建模
（外侧 4 根满长钢筋）

视频 3. 基础底板钢筋建模
（短筋及尺寸标注）

建模必要数据：

（1）基础混凝土轮廓尺寸；

（2）底板钢筋信息，见表 2.3.1。

2.3.5 填写 BIM 智慧钢筋翻样平台（具体操作请参看 2.3.6 节视频）

2.3.6 上传下料平台并导出翻样结果

视频 1. 钢筋下料表的填写及导出

【思政园地】

我们学习的各门专业课程最终都要落实在建筑施工的生产工作中去。建筑施工的生产工作就是把设计人员所绘施工图纸实现为真正的建筑物，而钢筋翻样就是其中的重要部分。合抱之木，生于毫末；九层之台，起于累土；千里之行，始于足下。万丈高楼平地起，这其中基础尤为重要，要求我们要注重基础的学习和基础知识的积累，就像毛主席的老师徐特立先生说的一样："台阶是一层一层筑起的，目前现实是未来理想的基础，只想将来，不从近处现实着手，就没有基础，就会流于幻想。我们在学习和工作中要保持一种务实的工作作风和严谨的工作态度。

【能力提升】

1. 单选题

（1）当独立基础底板长度（　　）2500mm 时，除外侧钢筋外，底板配筋长度可取相应方向底板长度的 0.9 倍。

A. 大于　　B. 大于等于　　C. 超过　　D. 等于

（2）独立基础中第一根 X 向底筋距离基础边缘的距离为（　　）。

A.75mm 与 X 向底筋间距的一半取小值

B. 75mm

C. X 向底筋间距的一半

D. 50mm

2. 判断题

（1）当集中标注中的某项数值不适用于基础的某部位时，则将该项数值原位标注；施工时，集中标注取值优先。（　）

（2）独立基础底板双向交叉钢筋，长向钢筋设置在下，短向钢筋布置在上。（　）

3. 多选题

集中标注系在基础平面图上集中引注多项内容，其中必注项有：（　）。

A. 基础编号　　B. 截面竖向尺寸

C. 配筋三项　　D. 基础底面标高

E. 必要的文字注解

【综合技能强化训练】见第 8 章

【练习题答案】

1. 单选题

（1）B （2）A

2. 判断题

（1）× （2）√

3. 多选题

ABC

3

框架柱智慧钢筋翻样与下料

【学习目标】

知识目标：掌握框架柱纵向钢筋在基础总的预留插筋构造，掌握框架柱平法施工图制图规则及框架柱标准构造详图中的钢筋构造。

能力目标：通过框架柱制图规则及钢筋构造的学习，能够准确识读框架柱图纸，并根据设计图纸及图集规定，将钢筋用 BIM 技术正确翻样出来，填写 CPS 智慧钢筋 BIM 翻样平台，导出下料表。同时在学习中获得举一反三的通学能力，能够读懂其余柱的钢筋构造。

素养目标：通过识图与规范学习，培养与他人精诚合作的精神，遇到问题困难，正确面对、积极寻求解决办法，提高使用先进的 BIM 技术完成复杂节点钢筋翻样的创新能力。

【关键概念】

保护层；嵌固部位。

3.1 框架柱钢筋翻样与下料工作内容

1. 结合 22G101-1《混凝土结构施工图平面整体表示方法制图规则和构造详图（现浇混凝土框架、剪力墙、梁、板）》进行图纸识读；

2. 归纳总结构件钢筋翻样的已知条件；

3. 用 BIM 技术进行三维可视化钢筋翻样；

4. 填写 BIM 智慧钢筋翻样平台；

5. 导出下料表。

3.2 框架柱钢筋翻样与下料工作注意事项

1. 注意嵌固部位与楼层部位（中间层）非变截面处框架柱纵向钢筋连接构造

的区别。

2. 注意框架柱边柱和角柱柱顶纵向钢筋的构造。

3. 注意变截面框架柱纵向钢筋的连接构造。

3.3　框架柱钢筋翻样与下料工作步骤

计算要求：根据图纸，请对塔楼部分地下室 S3-5 × S3-D 轴处 KZ5 进行翻样。该任务 KZ 配筋情况如图 3.3.1、图 3.3.2 所示，其他需要用到的图纸，请查阅下载图纸（见附录 2）。要求：①用 BIM 将 KZ 模型进行翻样，标注长度后，导出 CAD 格式留存；②将钢筋翻样结果上传 BIM 智慧翻样平台，导出下料表留存。

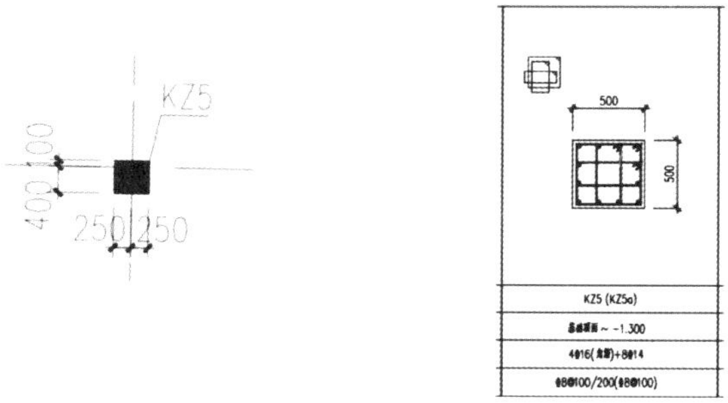

图 3.3.1　轴线 S3-5 × S3-D 处 KZ5 配筋示意

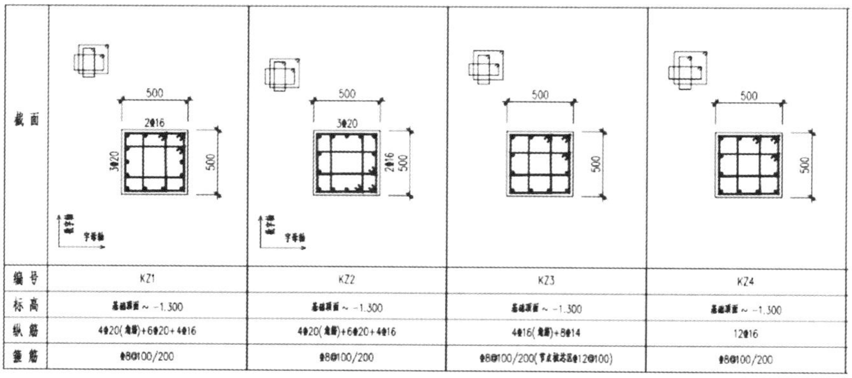

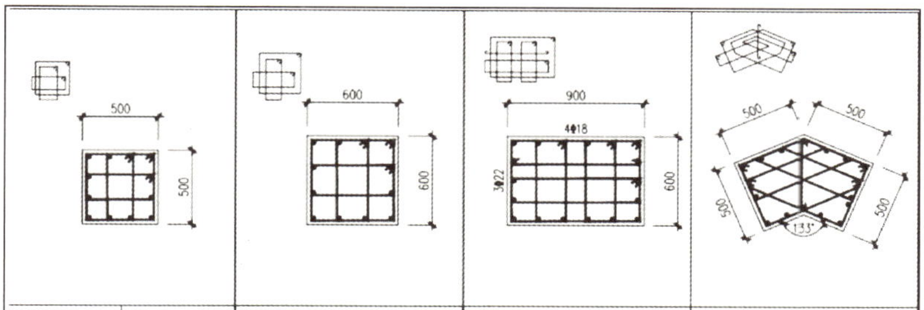

KZ5 (KZ5a)	KZ5b	KZ6 (KZ6a)	KZ7	KZ8
基础顶面 ~ -1.300	基础顶面 ~3.250	基础顶面 ~ -1.300	基础顶面 ~ -1.300	基础顶面 ~ -1.300
4Φ16(角筋)+8Φ14	4Φ16(角筋)+8Φ14	4Φ20(角筋)+8Φ16	4Φ22(角筋)+6Φ22+8Φ18	1[illegible]Φ16
Φ8@100/200(Φ8@100)	Φ8@100/200	Φ8@100/200 (Φ8@100)	Φ8@100/200	Φ8@100/200

图 3.3.2　塔楼地下室部分 KZ 柱配筋示意

3.3.1 柱平法标注讲解

视频 1. KZ 规范 1
（纵筋非连接区范围）

视频 2. KZ 规范 2
（柱顶钢筋构造）

视频 3. KZ 钢筋平法构造
（KZ 插筋在基础中锚固构造）

视频 4. KZ 钢筋平法构造
（柱顶及变截面处）

3.3.2 翻样需要用到的必要数据

1. 框架柱纵向钢筋翻样需要：柱抗震等级、混凝土保护层厚度、混凝土强度等级、嵌固部位（基础顶）、柱截面尺寸、柱高范围、梁高、柱净高、钢筋类别及直径、钢筋连接方式、柱下基础信息。

2. 框架柱箍筋翻样需要：箍筋的类型、直径、间距、加密区范围、非加密区范围。

3.3.3 从图纸信息归纳已知条件

视频 1. 从图纸中归纳已知条件 1
（柱混凝土轮廓等）

视频 2. 从图纸中归纳已知条件 2
（柱高及钢筋规格等）

1. 抗震等级、嵌固部位、保护层、连接方式：S001～S002 结构设计总说明：根据第 2.2 条，抗震等级为三级，嵌固部位为基础顶部；根据第 3.2.2 条，环境类别为一类环境，混凝土保护层厚度参见《22G101-1》P57，取 20mm；根据第 4.2.1 条，结合该框架柱中纵向受力钢筋直径（d=14，d=16，d=18，d=20），机械连接和焊接连接两种钢筋连接方式均可采用，因柱子在主体结构中属于主要承重构件，因此本任务选择机械搭接。根据第 4.2.7 条及复杂程度，同一连接区内的接头面积百分率为 50%。柱箍筋加密区范围涉及图注参见《22G101-1》。详见图 3.3.3～图 3.3.5。

结构部位			结构类型	嵌固部位	结构抗震等级			抗震构造措施采用的等级
					框架	剪力墙	框支框架	
高层塔楼及相关范围内的裙房和地下室	栋号	塔楼部分	剪力墙结构	地下室顶板		基础～屋面 三级		同抗震等级
		——						
		——						
独立的及高层塔楼相关范围以外的裙楼或多层结构，及其投影范围内的地下室	栋号	——						
		——						
		——						
独立的及高层塔楼相关范围以外的地下室	层数	−1层	框架结构			三级		同抗震等级
		——						
特殊构件抗震等级	斜撑一级，转换桁架一级，连体连接部位一级							

图 3.3.3 框架柱抗震等级

3.2.2 混凝土环境类别及耐久性要求：

序号	部位或构件	环境类别	最大水胶比	最低强度等级	最大氯离子含量(%)	最大碱含量(kg/m³)
1	除下述2、3项以外的室内构件	一	0.60	C20	0.30	不限制
2	非严寒和寒冷地区露天构件、卫生间、厨房、水池、水箱、地下室顶板	二a	0.55	C25	0.20	3.0
3	严寒和寒冷地区露天构件、地下室底板、承台、地梁、侧壁	二b	0.50(0.55)	C30(C25)	0.15	
4	——	三a	0.45(0.50)	C35(C30)	0.15	
5	——	三b	0.40	C40	0.10	

图 3.3.4 混凝土环境类别

混凝土保护层的最小厚度（mm）

环境类别	板、墙	梁、柱
一	15	20
二a	20	25
二b	25	35
三a	30	40
三b	40	50

图 3.3.5 《22G101-1》P57 混凝土保护层厚度（局部）

4.2.1 本工程中各构件的受力钢筋连接方式按下表采用(打“●”者为采用方式)，受力钢筋的接头应设在受力较小处，且不宜设在梁端及柱端的箍筋加密区范围。

构件 / 适用条件 / 连接方式	柱、钢筋混凝土墙、板			框架梁顶面贯通筋、梁底筋		转换梁	次梁纵筋	
	d<18	18≤d≤22	d>22	d≤22	d>22	全部	d≤22	d>22
机械连接	●	●	●	●	●	●	●	●
焊接连接	●	●		●			●	●
绑扎搭接	●						●	

图 3.3.5　受力钢筋连接方式

2. 混凝土等级、柱高范围、柱配筋信息：S201- 地下室墙柱定位及配筋图：柱混凝土强度等级为 C35，柱标高为基础顶面 –6.700 ～–0.700m，详见图 3.3.6 KZ5 定位图、图 3.3.7 KZ5 配筋图（此表中的标高指的是地下室停车场部分）、图 3.3.8 KZ5 柱顶标高。

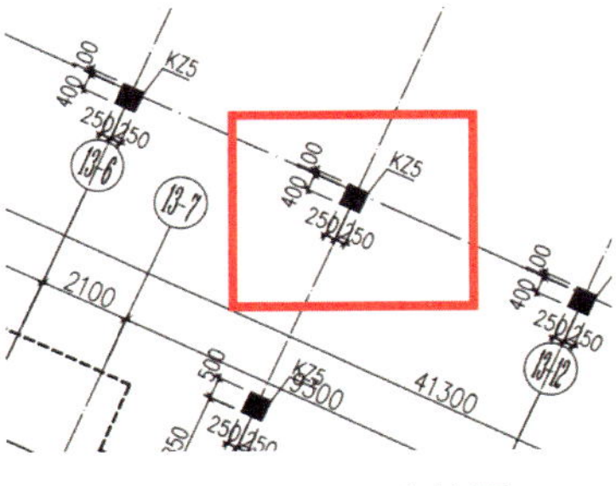

图 3.3.6　KZ5 定位图

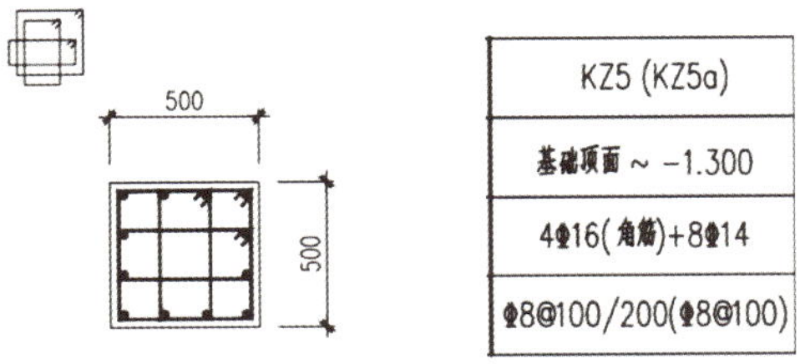

图 3.3.7　KZ5 配筋图

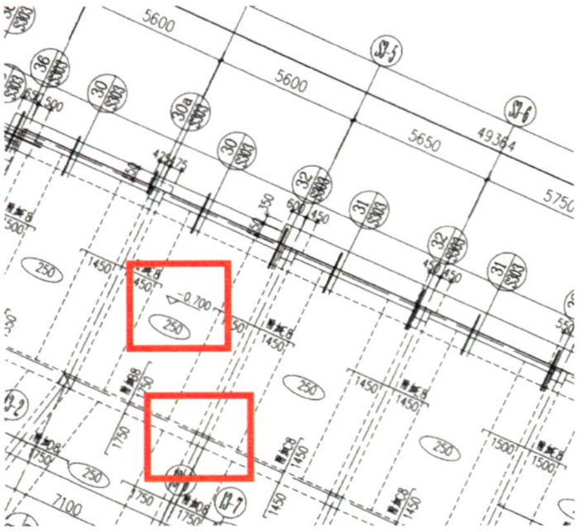

图 3.3.8　KZ5 柱顶标高

3. 柱下基础信息：KZ5 是 S3-5 轴线与 S3-D 轴线的交点处，基础大样如图 3.3.9 所示，其下对应的基础配筋样式如图 3.3.10 所示，独立基础配筋情况如图 3.3.11 所示。

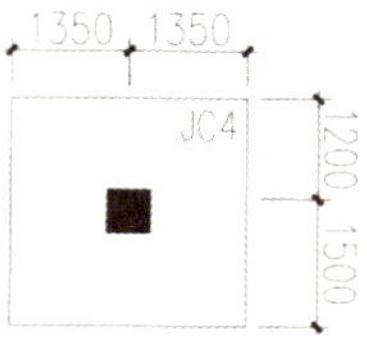

图 3.3.9　KZ5 下对应的独立基础大样

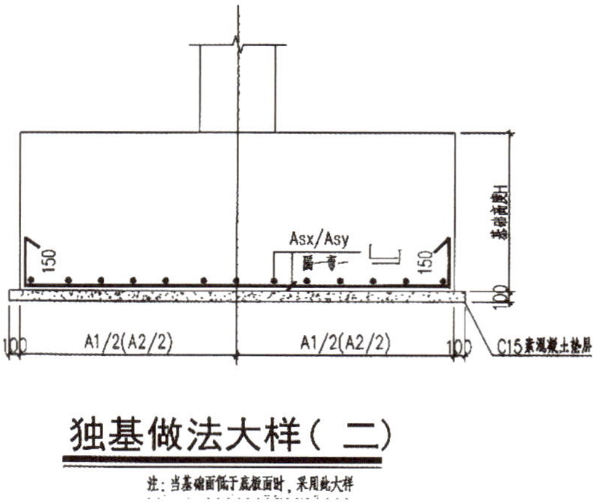

图 3.3.10　基础为 JC4 配筋样式

独基配筋表

独基编号	独基平面尺寸 A1(X向)XA2(Y向)(mm)	独基高度H (mm)	Asx	Asy
JC1	1500X1500	600	Φ12@120	Φ12@120
JC2	2000X2000	700	Φ14@130	Φ14@130
JC2a	2100X2100	700	Φ14@130	Φ14@130
JC3	2400X2400	700	Φ14@130	Φ14@130
JC3a	2100X3200	700	Φ14@130	Φ14@130
JC4	2700X2700	700	Φ14@130	Φ14@130

图 3.3.11　独立基础配筋

4. 柱纵筋相关信息

（1）柱纵向钢筋在基础中构造，也可称为基础柱插筋构造，如图 3.3.12 所示：由于基础高度为 700mm，受拉钢筋抗震锚固长度 l_{aE} 查表（图 3.3.13），结果为 34d=34×16=544mm。$H_j > l_{aE}$，因此本项目选择图 3.3.12 的基础柱插筋构造。

（2）根据图 3.3.12、图 3.3.13 知，柱在基础中的锚固长度为 l'_{aE}=34d+150。

（3）根据图纸，选用机械连接，相邻基础插筋长度差为 35d，如图 3.3.14 所示。

（4）基础顶柱纵筋锚固构造，如图 3.3.15 所示，又从图纸中知柱顶梁高，如图 3.3.16 所示，两个方向均为 800 > l_{abE}=34d=34×16=544mm（图 3.3.17），所以采用直锚方式④，伸至柱顶（留保护层 20mm）。

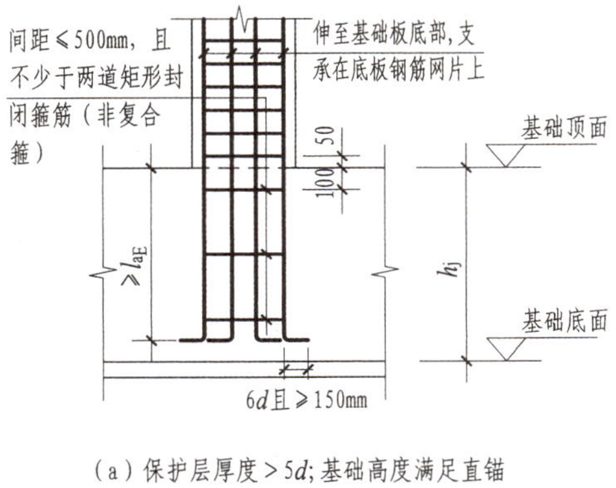

（a）保护层厚度>5d；基础高度满足直锚

图 3.3.12 《22G101-3》P66 柱纵向钢筋在基础中的构造（局部）

受拉钢筋抗震锚固长度l_{aE}

钢筋种类及抗震等级		混凝土强度等级									
		C25		C30		C35		C40		C45	
		$d \leqslant 25$	$d > 25$	$d \leqslant 25$	$d > 25$	$d \leqslant 25$	$d > 25$	$d \leqslant 25$	$d > 25$	$d \leqslant 25$	$d > 25$
HPB300	一、二级	39d	—	35d	—	32d	—	29d	—	28d	—
	三级	36d	—	32d	—	29d	—	26d	—	25d	—
HRB400 HRBF400	一、二级	46d	51d	40d	45d	37d	40d	33d	37d	32d	36d
	三级	42d	46d	37d	41d	34d	37d	30d	34d	29d	33d
HRB500 HRBF500	一、二级	55d	61d	49d	54d	45d	49d	41d	46d	39d	43d
	三级	50d	56d	45d	49d	41d	45d	38d	42d	36d	39d

图 3.3.13 《22G101-1》P59 受拉钢筋抗震锚固长度（局部）

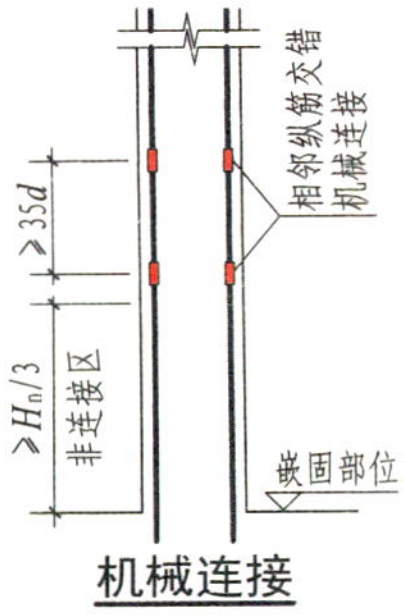

图 3.3.14 《22G101-1》P65 纵向钢筋机械连接构造（局部）

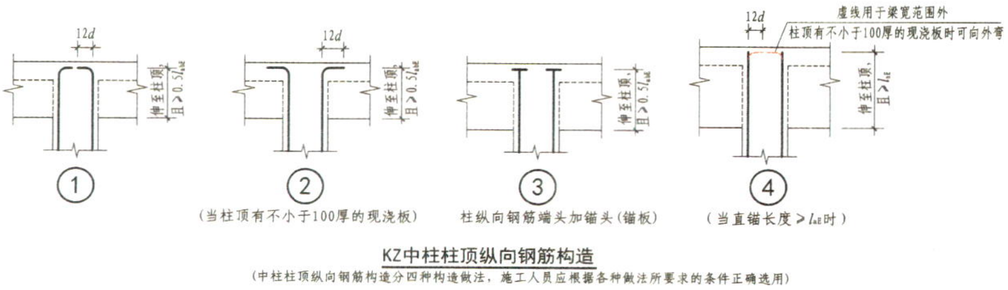

图 3.3.15 《22G101-1》P72 中柱顶柱纵向钢筋构造（局部）

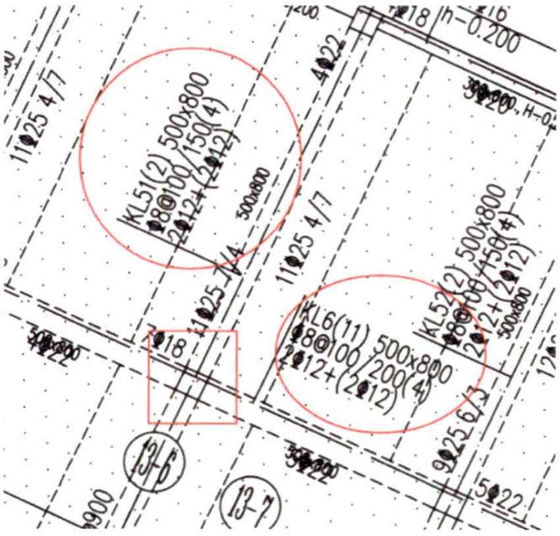

图 3.3.16　KZ5 对应两个方向框架梁的梁高

抗震设计时受拉钢筋基本锚固长度l_{abE}

钢筋种类		混凝土强度等级							
		C25	C30	C35	C40	C45	C50	C55	≥C60
HPB300	一、二级	39*d*	35*d*	32*d*	29*d*	28*d*	26*d*	25*d*	24*d*
	三级	36*d*	32*d*	29*d*	26*d*	25*d*	24*d*	23*d*	22*d*
HRB400 HRBF400	一、二级	46*d*	40*d*	37*d*	33*d*	32*d*	31*d*	30*d*	29*d*
	三级	42*d*	37*d*	34*d*	30*d*	29*d*	28*d*	27*d*	26*d*
HRB500 HRBF500	一、二级	55*d*	49*d*	45*d*	41*d*	39*d*	37*d*	36*d*	35*d*
	三级	50*d*	45*d*	41*d*	38*d*	36*d*	34*d*	33*d*	32*d*

图 3.3.17 《22G101-1》P58 抗震受拉钢筋基本锚固长度（局部）

5. 柱箍筋

（1）箍筋的加密区范围

框架柱箍筋加密区同框架柱纵筋非连接区范围，如图 3.3.18 所示。

①柱净高：H_n= 柱高 – 梁高（可通过建模直接测量）=5200mm。

②柱下端（嵌固部位）箍筋加密区范围为 $H_n/3$（可直接在建模时输入公式计算）。

③柱上端箍筋加密区范围如图 3.3.18 所示。

max{H_n/6, h_c, 500}+梁高=max{5200/6, 500, 500}+800=867+800=1667mm

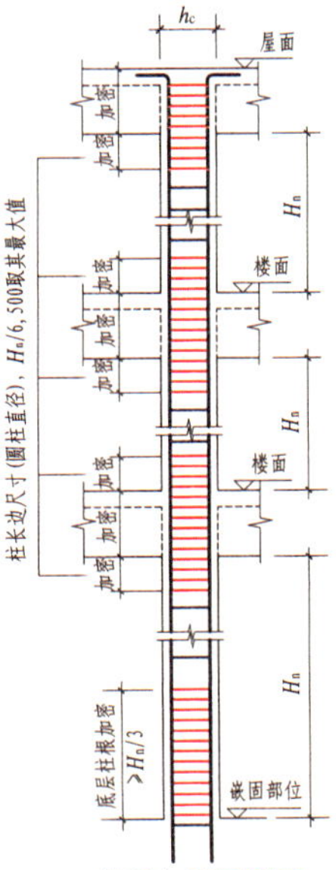

KZ箍筋加密区范围

“加密”区：max［柱长边尺寸（圆柱直径），H_n/6，柱长边尺寸］

图 3.3.18 《22G101-1》P67 框架柱箍筋加密区范围（局部）

（2）箍筋根数

①基础范围内：

如图 3.3.12 所示，箍筋的起步距离为 100mm，且间距≤ 500mm，本任务基础高度为 700mm，因此基础高度范围内，箍筋根数取 3 根。

②柱下端（嵌固部位）：

箍筋加密区范围为：柱顶 50mm 起第 1 根，至≥ $H_n/3$（≥ 1733）最后一根，根数可通过建模阵列得知。

③柱上端：

（非嵌固部位非连接区 + 梁高 – 起步距离）/ 箍筋加密区间距 +1=（max $\{H_n/6,\ h_c,\ 500\}$+800–50）/100 +1=（1667–50）/100+1=18 根。

④非加密区

除加密区外均为非加密区，间距为 200mm，其箍筋数量可根据建模阵列得到。

（3）箍筋长度计算

①大箍筋长度，如图 3.3.19 所示：

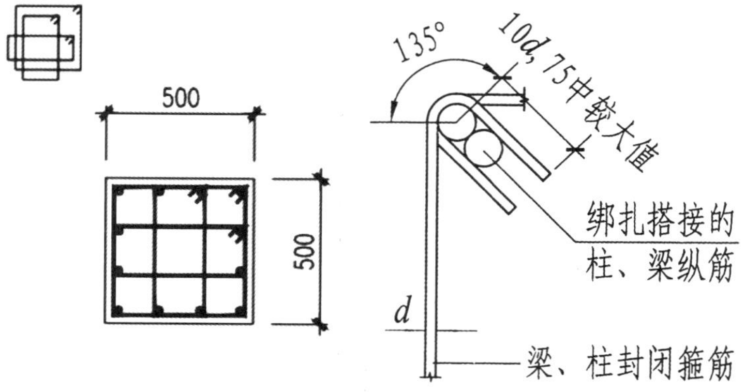

图 3.3.19 《22G101-1》P63 箍筋样式及弯钩长度取值（局部）

大箍筋边长：柱横截面尺寸长（宽）–2* 保护层。

大箍筋弯钩长：max（10d，75）=80mm。

②小箍筋长度

长边长 = 大箍筋长边长

短边长与纵筋排布有关，建模时，将纵筋放置到相关位置后再进行小箍筋建模即可知，见视频。

弯钩长 =80mm

3.3.4 BIM 参数化模型应用——钢筋建模

视频 1. KZ5 钢筋 BIM 建模之控制标高

视频 2. KZ5 基础插筋建模 1

视频 3. KZ5 基础插筋建模 2

视频 4. KZ5 柱纵筋在基础顶部预留长度 1

视频 5. KZ5 柱纵筋在基础顶部预留长度 2

视频 6. KZ5 大箍筋建模

视频 7. KZ5 小箍筋建模 1

视频 8. KZ5 小箍筋建模 2

视频 9. KZ5 箍筋构造及长度标注

视频 10. KZ5 柱子纵筋建模及机械连接 1

视频 11. KZ5 柱子纵筋建模及机械连接 2

视频 12. KZ5 柱纵筋顶部锚固情况 1

视频 13. KZ5 柱纵筋顶部锚固情况 2

（1）建模必备的数据汇总见表 3.3.1。

表 3.3.1　KZ 建模必备信息

翻样需要的内容	翻样需要的数据
柱下基础信息	2700 × 2700 × 700
基础顶	-6.700
柱顶高	-0.700
与柱相交的两个方向 KL 高	均为 800
截面尺寸	500 × 500
嵌固部位	基础顶
净高 H_n	5200
柱纵筋规格	4Φ16 （角筋） +8Φ14
l_{aE}/l_{abE}	34d
柱箍筋规格	Φ8@100/200
柱在基础中预留插筋锚固	竖直段：l_{aE}；水平段：150
柱顶纵筋锚固	伸至柱顶（留保护层 20）

续表

翻样需要的内容	翻样需要的数据
基础内箍筋距基础顶距离及数量	100；3 根
基础顶第一根箍筋起步距离	50
柱根加密区范围	*H*/3
柱顶加密区范围	节点内 + 梁底 H_n/6

（2）建模结果。

建模结果如图 3.3.20 和图 3.3.21 所示。

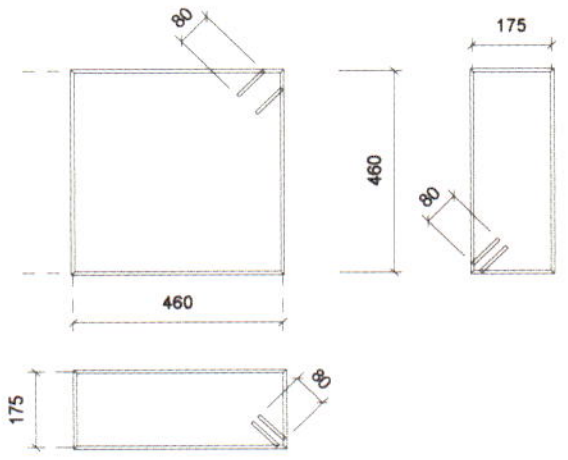

图 3.3.20　柱箍筋下料分段长度

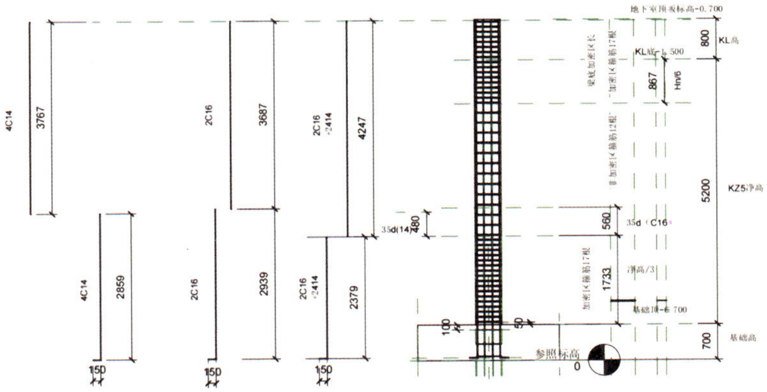

图 3.3.21　柱纵筋下料长度

3.3.5 填写 BIM 智慧钢筋翻样平台

视频 1. 框架柱钢筋下料表填写 1

视频 2. 框架柱钢筋下料表填写 2

视频 3. 框架柱下料表的导出

3.3.6 上传下料平台并导出翻样结果（完成）

KZ 下料表导出如图 3.3.22 所示。

建筑公司

项目名称 高层住宅地下室项目

施工部位 某高层住宅项目_地下室_S3-5×S3-D_柱_KZ

【钢筋重量表】

【接头统计表】

钢筋重量统计表

钢筋统计表编号　　2022年04月18日

规格	重量(t)	
C8	0.091	
C14	0.065	
C16	0.043	
合计	0.199	
接头统计		
规格	数量	丝扣类型
C14	4	正丝
C16	4	正丝
合计	8	

接头统计表

项目名称		高层住宅地下室项目		楼号	某高层住宅项目			时间	2022年04月18日				
楼层	分区	接头类型	构件类型	8	14	16							
地下室	S3-5×S3-D	正丝	柱		4	4							
			合计	0	4	4							
合计		正丝		0	4	4							
下料人		LiuP		电话			审核人			电话			

楼层构件钢筋统计表

项目名称	高层住宅地下室项目		楼号	某高层住宅项目		单位	kg		时间	2022年04月18日	
楼层	构件类型	钢筋总重量	HRB400								
			8	14	16						
地下室	柱	199.08	91.14	65.32	42.62						
	合计	199.08	91.14	65.32	42.62						
小计	柱	199.08	91.14	65.32	42.62						
合计		199.08	91.14	65.32	42.62						
下料人	LiuP		电话		审核人			电话			

钢筋下料单

项目名称	高层住宅地下室项目	编号	
使用部位	某高层住宅项目-地下室-S3-5×S3-D-柱	下单时间	2022年04月18日
料单总重	199.08kg	配送时间	

构件名称	构件位置	数量	钢筋编号	规格	图号	钢筋简图	下料长度	根数	总根数	单重	总重量	连接方式	钢筋类型	备注
KZ	S3-5×S3-D	1	1	C8	501100	460 460	1950	49	49	0.77	37.73		外箍筋	
			2	C8	501100	460 175	1380	98	98	0.55	53.41		内箍筋	
			3	C16	101010	正 2939 150	3058	2	2	4.83	9.66	正丝	预留角筋1（长）	
			4	C16	101010	正 2379 150	2498	2	2	3.95	7.89	正丝	预留角筋1（短）	
			5	C14	101010	正 2859 150	2981	4	4	3.61	14.43	正丝	预留插筋2（长）	
			6	C14	101010	正 2379 150	2501	4	4	3.03	12.1	正丝	预留插筋2（短）	
			7	C16	000001	3687 正	3687	2	2	5.83	11.65	正丝	柱中角筋1	
			8	C16	000001	4247 正	4247	2	2	6.71	13.42	正丝	柱中角筋2	
			9	C14	000001	3767 正	3767	4	4	4.56	18.23	正丝	柱中纵筋1	
			10	C14	000001	4247 正	4247	4	4	5.14	20.56	正丝	柱中纵筋2	
翻样人	LiuP				电话				审核人		电话			
生产审核					电话									

图 3.3.22　KZ 下料表（导出）

【思政园地】请回顾本任务 KZ5 钢筋翻样过程中，需要查阅哪些图集和规范？翻样过程需要具备哪些专业素质？请你总结一下：

（1）____

（2）____

（3）____

【能力提升】

单选题

1. 某抗震框架三层柱截面尺寸 300 × 600，柱净高 3.6m，该柱在楼面以上的箍筋加密区高度为（　　）。

A.400mm　　B.500mm　　C.300mm　　D.600mm

2. 如图所示，柱插筋弯折锚固长度为（　　）。

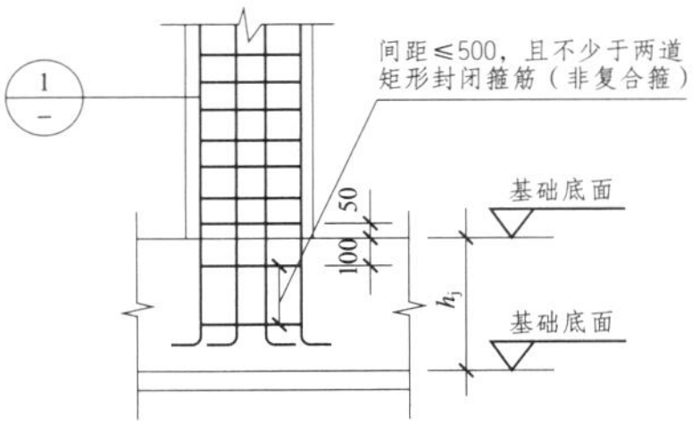

(c)保护层厚度>5d；基础高度不满足直锚

A. 15d　　B. 6d 且 ≥ 150mm

C. 由设计指定　　D. 150mm

3.KZ 集中标注的内容：ϕ10@100/200，下列选项表达正确的是（　　）。

A. 表示箍筋为 HRB400　　B. 直径为 10

C. 加密区间距为 200　　D. 非加密区间距为 100

4. 如果柱下层钢筋在变截面处弯折，上层采用插筋构造，插筋伸入下层 $1.5l_{aE}$，从（　　）处开始计算。

A. 梁底　　B. 柱顶　　C. 梁顶　　D. 非连接区

5. 如下图，基础柱插筋在基础内的弯折长度为（　　）。

A. 15d

B. 6d 且≥ 150mm

C. 由设计指定

D. 8d 且≥ 150mm

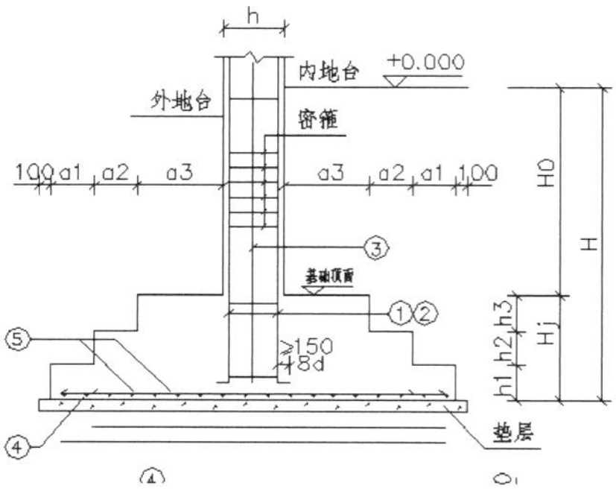

【综合技能强化训练】见第 8 章

【练习题答案】

1.D　　2.A　　3.B　　4.C　　5.D

4

框架梁智慧钢筋翻样与下料

【学习目标】

知识目标：了解框架梁相关平法的概念，熟悉并掌握框架梁平法钢筋制图规则及钢筋构造，能够给框架梁钢筋进行正确翻样。

能力目标：能够通过一次案例学习，举一反三，进行其他位置框架梁钢筋的翻样；同时会使用 BIM 技术，对框架梁钢筋进行三维翻样，填写 CPS 智慧钢筋 BIM 翻样平台，导出下料表。

素养目标：通过识图与规范学习，培养与他人精诚合作的精神，遇到问题，正确面对，积极寻求解决办法，提高使用 BIM 技术完成复杂节点钢筋翻样的创新能力。

【关键概念】

框架梁；梁的跨度 l_0；梁的净跨 l_n。

4.1　框架梁钢筋翻样与下料工作内容

1. 结合 22G101-1《混凝土结构施工图平面整体表示方法制图规则和构造详图（现浇混凝土框架、剪力墙、梁、板）》进行图纸识读；

2. 归纳总结构件钢筋翻样的已知条件；

3. 用 BIM 技术进行三维可视化钢筋翻样；

4. 填写提高 BIM 智慧钢筋翻样平台；

5. 导出下料表。

4.2　框架梁钢筋翻样与下料工作注意事项

1. 确认框架梁的净跨；

2. 框架梁纵向钢筋在端支座采用的是直锚还是弯锚构造；

3. 框架梁中间支座两侧是否存在高差；

4. 框架梁上部钢筋分几排；

5. 箍筋肢数、加密区与非加密区范围；

6. 框架梁是否有腰筋，如果有，是什么腰筋，同时必须注意拉筋的设置。

4.3 框架梁钢筋翻样与下料工作步骤

计算要求：根据图纸，请对地下室顶板处 S3-6 处 KL52 进行钢筋翻样，如图 4.3.1 所示，其他需要用到的图纸请查阅下载图纸（见附录 2）。要求：1. 用 BIM 将 KL52 模型进行翻样，标注长度，导出 CAD 格式留存；2. 将钢筋翻样结果填写到 BIM 智慧钢筋翻样平台，导出下料表留存。

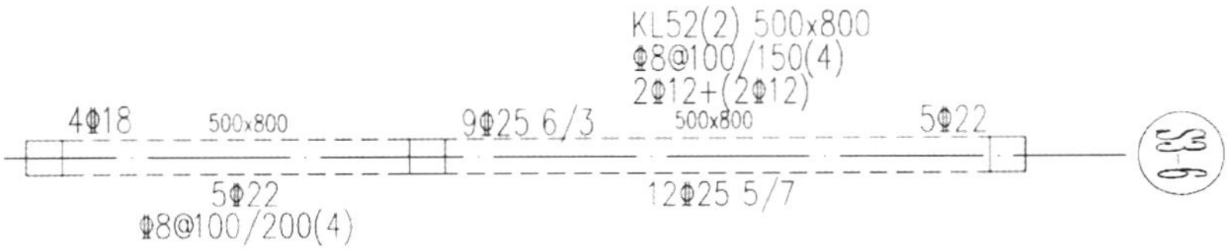

图 4.3.1　轴线 S3-6 处 KL52 配筋示意

4.3.1 翻样需要用到的必要构造尺寸

1. 抗震等级；

2.KL 钢筋保护层厚度；

3. 支座 KZ 尺寸及定位，KL 净跨长 L_n；

4.KZ 混凝土等级、KL 横截面尺寸、板厚，KL 的腹板高度 h_w，KL 纵向钢筋、箍筋规格；

5. 上部纵筋及下部纵筋在端支座的锚固长度；

6. 下部纵筋在中间支座的锚固长度；

7. 腰筋配置规格及锚固长度。

视频 1. 梁钢筋翻样前的准备工作（构件尺寸及相关数据）图集

4.3.2 从图纸信息收集已知条件

视频 1. 图纸构件尺寸及相关数据

视频 2. 下部纵筋锚固、hw 及腰筋配置及其锚固长度

视频 3. 纵筋在端支座锚固长度

1. 抗震等级

根据图纸结构设计总说明 2.2 主要设计参数表，可查抗震等级为三级，如图 4.4.2 所示。

独立的及高层塔楼相关范围以外的地下室	层数	−1层	框架结构		三级	同抗震等级
		——				

图 4.3.2　图纸中规定的抗震等级

2. KL 钢筋保护层厚度

地下室室内属于室内正常环境，故根据图纸结构设计总说明 4.1.1 条可知，

KL 钢筋保护层厚度按照图集《22G101-1》P57 取值，如图 4.3.3 所示；同时查阅该图集 P57 知，取 20mm，如图 4.3.4 所示。

4 、混凝土保护层及钢筋连接锚固

4.1 普通钢筋及预应力筋的混凝土保护层

4.1.1 构件中受力钢筋的保护层最小厚度要求按照《22G101-1》第57页取值.

图 4.3.3 图纸中规定的保护层厚度取值

混凝土保护层的最小厚度

环境类别	板、墙	梁、柱
一	15	20

图 4.3.4 混凝土保护层厚度取值（局部）

3. 支座 KZ 尺寸及定位，KL 净跨长 L_n

从 S201 地下室墙柱定位及配筋图及 S101 基础平面图，查 S3-6 轴 ×S3-D/F 处的 KZ2、KZ5 尺寸为 500mm×500mm，定位尺寸为 400～100mm，S3-C 与 S3-D 轴之间的 KZ5 距 S3-C 轴距离 2850mm。如图 4.3.5、图 4.3.6 所示。

图 4.3.5 柱子定位

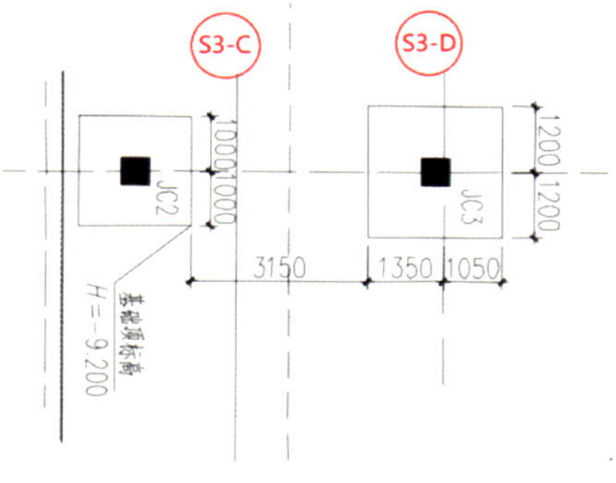

图 4.3.6 基础定位

KL52 为两跨，其中 S3-D～S3-F 跨的跨度为 8100mm，净跨 l_{n1} 为 8100–

400−100=7600mm；另一跨的净跨长 l_{n2}=8600−2850−500−400=4850mm，请参看 S302- 地下室顶板梁配筋图。

4. KZ 混凝土等级、KL 横截面尺寸、板厚，KL 的腹板高度 h_w、KL 纵向钢筋、箍筋规格

根据 S201 地下室墙柱定位及配筋图、说明 01 知本图柱混凝土强度等级为 C35，如图 4.3.7 所示；如图 4.3.1 所示，KL52 横截面尺寸为 500mm × 800mm；板厚查 S301- 地下室顶板模板及板配筋图知 KL52 所在区域为 250mm，如图 4.3.8 所示；所以，KL52 的腹板高 h_w=800−250=550mm ＞ 450mm，需要配置腰筋，如图 4.3.9 所示。

说明：

01. 本图中柱混凝土强度等级为C35。

图 4.3.7　柱混凝土强度等级说明

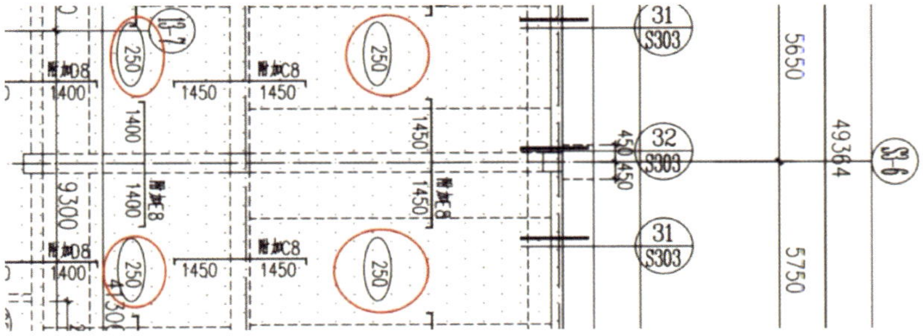

图 4.3.8　板厚示意

6.3.5 当梁截面腹板高度h_w≥450mm时，按图6.3.5所示增加构造腰筋，每侧腰筋间距a≤200mm，设计图未注明腰筋规格时按照下表选取(表中为单侧腰筋，另侧相同配置)。

b \ h_w（单侧腰筋）	450	500	550	600	650	700	750	800	850	900	950	1000	1050	1100	≥1100
≤200	2Φ8		2Φ10		3Φ10				4Φ10				5Φ10		Φ10@200
250	2Φ10				3Φ10				4Φ10				5Φ10		Φ10@200
300	2Φ10		2Φ12		3Φ10				4Φ10				5Φ10		Φ10@200
350	2Φ12				3Φ10	3Φ12			4Φ10	4Φ12			5Φ10		Φ10@200
400	2Φ12			2Φ14	3Φ12				4Φ12				5Φ12		Φ12@200
450	2Φ12		2Φ14		3Φ12			3Φ14	4Φ12				5Φ12		Φ12@200
500	2Φ12	2Φ14			3Φ12	3Φ14			4Φ12		4Φ14		5Φ12		Φ12@200

图 4.3.9　梁腰筋配置

如图 4.3.1 所示，KL52 的钢筋为 HRB400，直径和根数分别见表 4.3.1。

表 4.3.1 KL52 钢筋直径及根数统计

钢筋	直径(mm)	根数
上部通长筋	12	2
S3-F 轴支座处上部负筋	22	5
	18	4
S3-D 轴中间支座处支座负筋	25	9（上 6 下 3）
架立筋（位于角部）	12	2
腰部纵筋	14	4
下部纵筋	25	12（上 5 下 7）
	22	5
箍筋	8	用 BIM 建模后即可知
拉筋	8	用 BIM 建模后即可知

5. 上部纵筋及下部纵筋在端支座锚固长度

（1）上部纵筋端支座锚固长度

根据图纸总说明 6.3.2，如图 4.3.10 所示，知按屋面框架梁处理端支座锚固；又从图集《22G101-1》P6 中，如图 4.3.11 所示，知图纸未注明时可视为设计人员自动授权施工人员任选一种，故从图集《22G101-1》P70（图 4.3.12）及《18G901-1》P2~P23（图 4.3.13）中选取“伸至柱纵筋内侧向下弯折至梁底标高”的构造做法。

6.3.2 当地下室顶板、裙房屋面及局部小屋面等的框架梁按楼层梁编号时，柱顶的梁纵筋锚固构造尚应按屋面框架梁(WKL)要求。

图 4.3.10 图纸总说明中关于 KL52 上部纵筋锚固要求

9）当具体工程中有特殊要求时，应在施工图中另加说明。

1.0.10 当标准构造详图有多种可选择的构造做法时，施工图中应写明在何部位选用何种构造做法。

> 当未写明时，则按设计人员**自动授权**施工人员可以任选一种构造做法进行施工处理。例如：框架顶层端节点配筋构造（本图集第2-14页、第2-15页）、复合箍中拉筋弯钩做法（本图集第2-7页）、无支承板端部封边构造（本图集第2-54页）等。

某些节点要求设计**必须写明**在何部位选用何种构造做法。本图集中，要求设计必须写明的构造做法选用见本图集第2-78页。

图 4.3.11 《22G101-1》P6（局部）

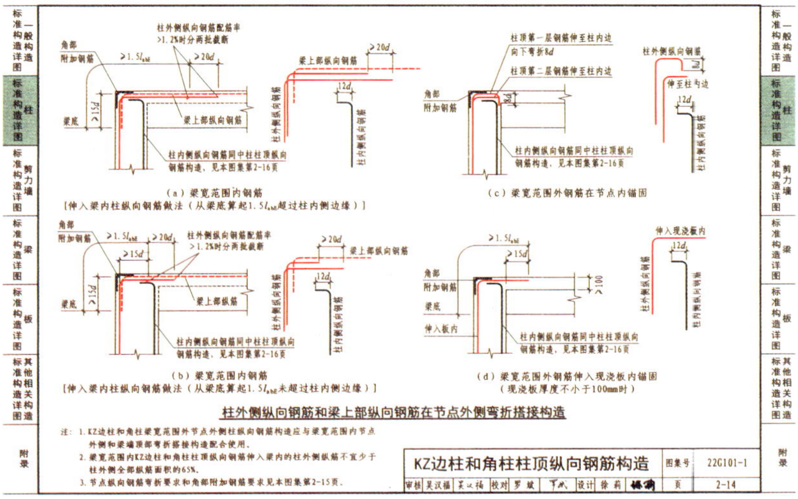

图 4.3.12　图集《22G101-1》P70KZ 边柱和角柱柱顶纵向钢筋构造

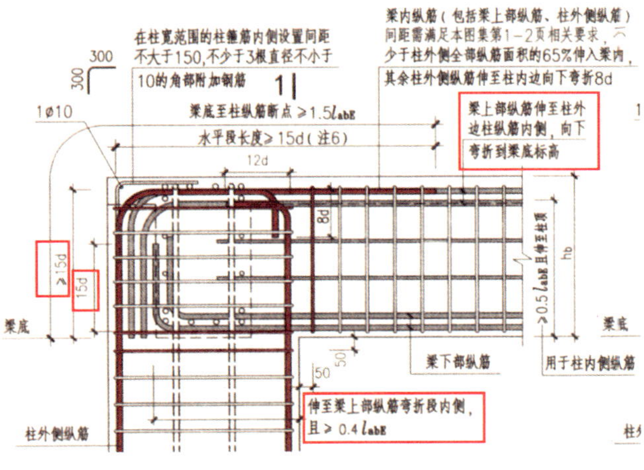

图 4.3.13　图集《18G901-1》P2~P23 示 WKL 上、下部纵筋锚固（局部）

取梁上部钢筋水平段锚固长度 = 柱宽 – 柱纵筋保护层厚度 – 柱纵筋直径 – 钢筋间距 =500–20–20–25=435mm；

竖直段锚固长度为 max［（梁高 – 梁顶保护层厚度），15d］=max（800–20，15×22）=780mm

（2）下部纵筋端支座锚固长度

如图 4.3.14 所示，下部纵筋在端支座锚固长度分为水平锚固长度和竖直锚固长度，其中，水平锚固长度为“伸至梁上部纵筋弯钩段内侧”，即水平锚固长度 = “梁上部钢筋水平段锚固长度” – 钢筋净距 =435–25=410mm；竖直锚固长度为定值 15d。

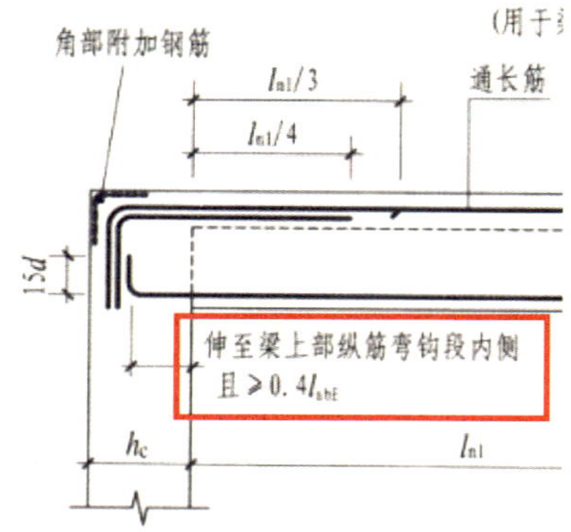

图 4.3.14　水平方向板上部贯通纵筋连接位置示意

6. 下部纵筋在中间支座的锚固长度

已知抗震等级三级，KZ 混凝土强度等级 C35，KL52 钢筋级别 HRB400，查图 4.3.15 知，l_{aE}=34d > 0.5h_c+5d，所以取 34d。

受拉钢筋抗震锚固长度l_{aE}

钢筋种类及抗震等级		混凝土强度等级															
		C25		C30		C35		C40		C45		C50		C55		≥C60	
		d≤25	d>25	d≤25	d>25	d≤25	d>25	d≤25	d>25	d≤25	d>25	d≤25	d>25	d≤25	d>25	d≤25	d>25
HPB300	一、二级	39d	—	35d	—	32d	—	29d	—	28d	—	26d	—	25d	—	24d	—
	三级	36d	—	32d	—	29d	—	26d	—	25d	—	24d	—	23d	—	22d	—
HRB400 HRBF400	一、二级	46d	51d	40d	45d	37d	40d	33d	37d	32d	36d	31d	35d	30d	33d	29d	32d
	三级	42d	46d	37d	41d	34d	37d	30d	34d	29d	33d	28d	32d	27d	30d	26d	29d
HRB500 HRBF500	一、二级	55d	61d	49d	54d	45d	49d	41d	46d	39d	43d	37d	40d	36d	39d	35d	38d
	三级	50d	56d	45d	49d	41d	45d	38d	42d	36d	39d	34d	37d	33d	36d	32d	35d

图 4.3.15 《22G101–1》P59 受拉钢筋抗震锚固长度 laE（局部）

7. 腰筋配置规格及锚固长度

查结构总说明 6.3.5 可知，KL52 腰部配置 4 根 ϕ14 的 HRB400 腰筋，每侧设置 2 根。如图 4.3.16 所示。

6.3.5 当梁截面腹板高度$h_w \geq 450$mm时，按图6.3.5所示增加构造腰筋，每侧腰筋间距$a \leq 200$mm，设计图未注明腰筋规格时按照下表选取(表中为单侧腰筋，另侧相同配置)。

<table>
<tr><th>b \ h_w 单侧腰筋</th><th>450</th><th>500</th><th>550</th><th>600</th><th>650</th><th>700</th><th>750</th><th>800</th><th>850</th><th>900</th><th>950</th><th>1000</th><th>1050</th><th>1100</th><th>≥1100</th></tr>
<tr><td>≤200</td><td colspan="2">2Φ8</td><td colspan="2">2Φ10</td><td colspan="4">3Φ10</td><td colspan="4">4Φ10</td><td colspan="2">5Φ10</td><td>Φ10@200</td></tr>
<tr><td>250</td><td colspan="4">2Φ10</td><td colspan="4">3Φ10</td><td colspan="4">4Φ10</td><td colspan="2">5Φ10</td><td>Φ10@200</td></tr>
<tr><td>300</td><td colspan="2">2Φ10</td><td colspan="2">2Φ12</td><td colspan="4">3Φ10</td><td colspan="4">4Φ10</td><td colspan="2">5Φ10</td><td>Φ10@200</td></tr>
<tr><td>350</td><td colspan="4">2Φ12</td><td>3Φ10</td><td colspan="3">3Φ12</td><td>4Φ10</td><td colspan="3">4Φ12</td><td colspan="2">5Φ10</td><td>Φ10@200</td></tr>
<tr><td>400</td><td colspan="3">2Φ12</td><td>2Φ14</td><td colspan="4">3Φ12</td><td colspan="4">4Φ12</td><td colspan="2">5Φ12</td><td>Φ12@200</td></tr>
<tr><td>450</td><td colspan="2">2Φ12</td><td colspan="2">2Φ14</td><td colspan="3">3Φ12</td><td>3Φ14</td><td colspan="4">4Φ12</td><td colspan="2">5Φ12</td><td>Φ12@200</td></tr>
<tr><td>500</td><td>2Φ12</td><td colspan="3">2Φ14</td><td>3Φ12</td><td colspan="3">3Φ14</td><td colspan="2">4Φ12</td><td colspan="2">4Φ14</td><td colspan="2">5Φ12</td><td>Φ12@200</td></tr>
<tr><td>550</td><td colspan="3">2Φ14</td><td>2Φ16</td><td colspan="4">3Φ14</td><td colspan="4">4Φ14</td><td colspan="2">5Φ14</td><td>Φ14@200</td></tr>
<tr><td>600</td><td colspan="2">2Φ14</td><td colspan="2">2Φ16</td><td colspan="3">3Φ14</td><td>3Φ16</td><td colspan="4">4Φ14</td><td colspan="2">5Φ14</td><td>Φ14@200</td></tr>
<tr><td>700</td><td colspan="4">2Φ16</td><td>3Φ14</td><td colspan="3">3Φ16</td><td>4Φ14</td><td colspan="3">4Φ16</td><td>5Φ14</td><td>5Φ16</td><td>Φ16@200</td></tr>
<tr><td>800</td><td colspan="4">2Φ16</td><td colspan="4">3Φ16</td><td colspan="4">4Φ16</td><td colspan="2">5Φ16</td><td>Φ16@200</td></tr>
</table>

图 4.3.16　结构总说明 6.3.5 腰筋配置表

根据图 4.3.17 中“梁侧面构造纵筋的搭接锚固长度可取 15d”，即锚固长度 =15 × 14=210mm。

纵筋锚固长度汇总见表 4.3.2。

3.梁侧面构造纵筋的搭接与锚固长度可取15d

图 4.3.17 《22G101-1》P97 注释 3（局部）

表 4.3.2　KL52 钢筋锚固长度统计

钢筋	直径（mm）	根数	锚固长度（mm）
上部通长筋	12	2	水平 435；竖直 780
上部边支座处钢筋	22	5	水平 435；竖直 780
	18	4	水平 435；竖直 780
上部中间支座处钢筋	25	9 （上 6 下 3）	l_n/3 （上 6） =2533 l_n/4 （下 3） =1900
架立筋	12	2	两边各搭接 150

续表

钢筋	直径(mm)	根数	锚固长度(mm)
腰部纵筋	14	4	210
下部纵筋	25	12 （5/7）	边支座水平段：410；竖直段：15d=375 中间支座：34d=850 （直锚）
	22	5	边支座水平段：410； 竖直段：15d=330 中间支座：34d=748 （直锚）
箍筋	8	用 BIM 建模后即可知	弯钩长 80
拉筋	8	用 BIM 建模后即可知	弯钩长 80；紧靠箍筋并勾住纵筋

大箍筋长度 =［（梁截面宽 – 保护层 ×2）+（梁截面高 – 保护层 ×2）］×2+10d×2

=［（500–20×2）+（800–20×2）］×2+10×8×2=2600mm

小箍筋长度 =［2× 纵筋间距 +3× 纵筋直径 25+（截面高度 –2× 保护层）］×2+10d×2

=［（2×64+3×25+（800–2×20）］×2+10×8×2=2086mm

其中纵筋间距 =（截面宽度 – 保护层 ×2–5×25–2×12）/6 =（500–20×2–5×25–2×12）/6=64mm

拉筋长度 = 截面宽 –2× 保护层 +5d（22G101–1 中 P63 拉筋构造图）×2=500–2×20+5×8×2=540mm

所有钢筋长度通过 BIM 建模完成，然后导出 CAD 文件。

3. BIM 参数化模型应用——钢筋建模

独立基础平法标注讲解，详见以下视频。

视频 1. KL52 上部纵筋建模 1

视频 2. KL52 上部纵筋建模 2

视频 3. 腰筋、下部纵筋及大箍筋绘制

视频 4. KL52 箍筋绘制及材质赋予

视频 5. 梁钢筋 BIM 翻样图

翻样必备数据：

（1）跨度（轴线间距）：（D～F）8100mm；（D～C）8600mm；

（2）梁支座尺寸及其定位：KZ5（2）均为 500mm×500mm，沿梁跨度方向定位 400～100mm；

（3）梁钢筋保护层厚度：20mm；

（4）梁钢筋信息：见表 4.3.2。

4. 填写 BIM 智慧钢筋翻样平台

视频 1. 钢筋翻样平台的填写 1

视频 2. 钢筋翻样平台的填写 2

5. 导出下料表

【思政园地】梁的钢筋多，锚固方式情况复杂，非常需要耐心和细心。大家在翻样过程中有什么样的体验？可以交流一下____。

单选题

1. 该工程地下室 S3-6 轴 KL52 的两跨净跨分别是（　　）mm。

A.7200；4800　B.4850；7800　C.4800；7600　D.4850；7600

2. 该工程地下室 S3-6 轴 KL52 腰部纵筋是（　　）。

A.4⌀12　　B.2⌀12　　C.4⌀14　　D.4⌀16

3. 该工程地下室 S3-6 轴 KL52 箍筋加密区间距是（　　）mm。

A.100　　B.150　　C.200　　D. 两跨不同

4. 该工程地下室 S3-6 轴 KL52 的截面尺寸是（　　）。

A.500 × 800　　B.450 × 700　　C.500 × 750　　D.400 × 800

5. 该工程地下室 S3-6 轴 KL52 上部通长筋是（　　）。

A.2⌀25　　B.2⌀20　　C.2⌀12　　D.2⌀16

6. 该工程地下室 S3-6 轴 KL52 长跨下部纵筋第一排钢筋间距为（　　）mm。

A. ≥ 25 且 ≥ d

B. ≥ 25 且 ≥ 1.5d

C. ≥ 30 且 ≥ d

D. ≥ 30 且 ≥ 1.5d

【综合技能强化训练】

见第 8 章

【练习题答案】

1. D　　2. A　　3. A　　4. A　　5. C　　6. A

5

楼板智慧钢筋翻样与下料

【学习目标】

知识目标：了解楼板相关平法的概念，熟悉并掌握楼板平法钢筋制图规则及钢筋构造，能够给楼板钢筋进行正确翻样。

能力目标：能够通过一次案例学习，举一反三，进行其他位置楼板的钢筋翻样；同时会使用 BIM 技术对楼板钢筋进行三维翻样。

素养目标：通过识图与规范的学习，培养与他人精诚合作的精神，遇到问题困难，正确面对、积极寻求解决办法，会使用先进的 BIM 技术完成复杂节点钢筋翻样的创新能力。

【关键概念】

板块；板的跨度。

5.1 楼板钢筋翻样与下料工作内容

1. 结合 22G101-1《混凝土结构施工图平面整体表示方法制图规则和构造详图（现浇混凝土框架、剪力墙、梁、板）》进行图纸识读；

2. 归纳总结构件钢筋翻样的已知条件；

3. 用 BIM 技术进行三维可视化钢筋翻样；

4. 填写 BIM 智慧钢筋翻样平台；

5. 导出下料表。

5.2 楼板钢筋翻样与下料工作注意事项

1. 板的跨度必须确认正确。

2. 板面筋边支座锚固构造必须根据图纸设计要求来确定。

3. 板面筋中间支座从支座挑出长度按设计要求。

4. 板底筋两个方向的位置关系务必放置正确。

5. 板底筋在支座的锚固必须符合图集《22G101-1》及图纸设计要求。

6. 板中附加钢筋务必通过图纸设计说明确认无误。

5.3 楼板钢筋翻样与下料工作步骤

计算要求：根据图纸，请对图纸中地下室顶板［（S3-5）//（S3-6）］×［（S3-D）//（S3-F）］处 LB 进行钢筋翻样，如图 5.3.1 所示，其他需要用到的图纸，请查阅下载（见附录 2）。要求：1. 用 BIM 将 LB 模型进行翻样，导出 CAD 格式留存；2. 将钢筋翻样结果填写到 BIM 智慧翻样平台，导出下料表留存。

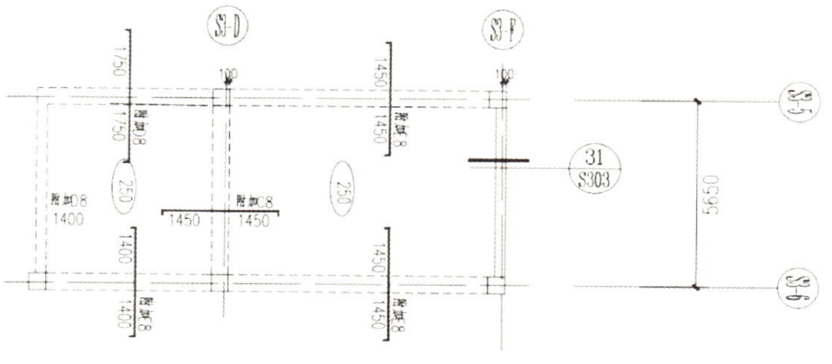

钢筋规格见板配筋表，图中画出的钢筋均为附加筋，附加筋与通长筋隔一布一放置。

图 5.3.1 ［（S3-5）//（S3-6）］×［（S3-D）//（S3-F）］处 LB

5.3.1 楼板平法标注讲解：请详见以下视频：

视频 1. 板钢筋构造一（规范标注讲解）

视频 2. 上部纵筋连接位置（图集规范讲解）

视频 3. 板钢筋构造二（上部纵筋端支座锚固）

视频 4. 板钢筋构造三（下部纵筋锚固、中间面筋伸出长度等）

视频 5. 板钢筋构造四（分布筋）

5.3.2 翻样需要用到的必要构造信息

视频 1. 板翻模必备数据

（1）结构抗震等级；

（2）支座梁的截面尺寸、混凝土等级；

（3）板的厚度及双向跨度；

（4）板的钢筋规格及保护层厚度；

（5）板面筋在边支座的锚固情况；

（6）板面纵筋的连接位置及连接方式；

（7）板面附加筋在中间支座两端挑出尺寸；

（8）板底钢筋在支座的锚固长度。

5.3.3 从图纸信息归纳已知条件

视频 1. 板钢筋翻模在图纸中
查找相关数据

（1）结构抗震等级：三级。如图 5.3.2 设计参数表所示（出自总说明 2.2）。

结构部位			结构类型	嵌固部位	结构抗震等级			抗震构造措施采用的等级
					框架	剪力墙	框支框架	
高层塔楼及相关范围内的裙房和地下室	栋号	塔楼部分	剪力墙结构	地下室顶板		基础~屋面 三级		同抗震等级
		——						
		——						
独立的及高层塔楼相关范围以外的裙楼或多层结构，及其投影范围内的地下室	栋号	——						
		——						
		——						
独立的及高层塔楼相关范围以外的地下室	层数	-1层	框架结构			三级		同抗震等级
		——						

图 5.3.2　结构抗震等级

（2）支座梁的截面尺寸、混凝土强度等级：如图 5.3.3 地下室顶板模板及板配筋平面图说明所示，混凝土强度等级 C35；梁截面尺寸分别为 KL51 500 × 800、KL52 500 × 800、KL6 500 × 800、KL2 300 × 600，出自图 S302，如图 5.3.4 所示。

地下室顶板模板及板配筋平面图

说明：

01. 本层梁、板混凝土强度等级为C35，梁、板钢筋采用HRB400级钢筋(⊈)。

图 5.3.3　地下室顶板模板及板配筋平面图说明

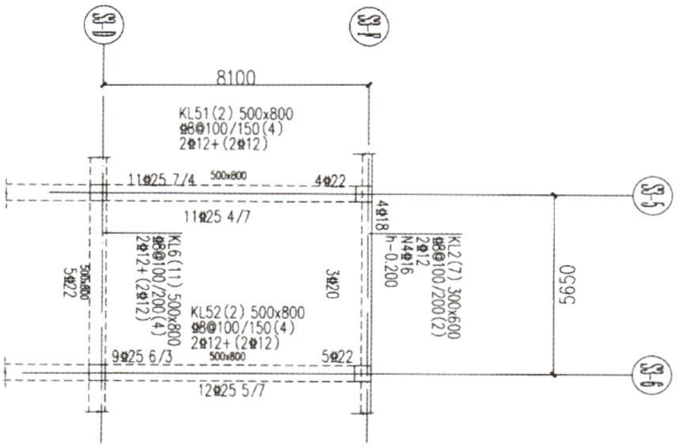

图 5.3.4 板支座四边梁信息

（3）板的厚度及双向跨度：如图 5.3.5 所示，板的厚度为 250mm；跨度如图 5.3.4 所示，S3-5～S3-6 之间跨度为 5650mm，S3-F～S3-D 轴之间为 8100mm。

（4）板的钢筋规格及保护层厚度：

①受力主筋规格，如图 5.3.5 所示（出自 S301 地下室顶板说明 05）。

250mm厚板内配筋双层双向Φ12@180；

图 5.3.5 板厚及配筋

②如图 5.3.1 所示，附加上部受力钢筋 E8 的配筋如图 5.3.6 所示（出自 S301 地下室顶板表）。

板配筋表

钢筋编号	钢筋规格
B7	Φ8@170
B8	Φ8@180
C5	Φ10@150
C7	Φ10@170
C8	Φ10@180
D5	Φ12@150
D7	Φ12@170
D8	Φ12@180
E5	Φ14@150
E7	Φ14@170
E8	Φ14@180
F5	Φ16@150
F7	Φ16@170
F8	Φ16@180
G5	Φ18@150
G7	Φ18@170
G8	Φ18@180
H5	Φ20@150
H8	Φ20@180
J5	Φ22@150
J8	Φ22@180

图 5.3.6 板配筋表

③板内分布筋规格，由于该板块为“双层双向配筋”，所以不需要另外配置分布筋。

综上所述，板内配筋规格见表 5.3.1。

表 5.3.1　板内配筋表

板内钢筋	配筋信息
板面贯通筋	⌀12@180
板面非贯通筋	⌀14@180；⌀10@180
板底贯通筋	⌀12@180
板内分布筋	无

④板钢筋保护层厚度，如图 5.3.7 所示（出自结构总说明 4.1.1）。

4 、混凝土保护层及钢筋连接锚固

4.1 普通钢筋及预应力筋的混凝土保护层

4.1.1 构件中受力钢筋的保护层最小厚度要求按照《22G101-1》第57页取值。

图 5.3.7　保护层说明

本板块位于地下室顶板，环境一类，根据设计及图集要求，取保护层为 15mm；其支座梁的保护层为 20mm。

（5）板面筋在支座边的锚固情况：如图 5.3.8 所示（出自总说明 6.1.1）；除此之外，还应满足 22G101-1 图集 P106 要求，如图 5.3.9、图 5.3.10 所示。

6.1.1 板钢筋锚固构造要求详见《22G101-1》，当板端支座为梁时按《22G101-1》第106页“板在端部支座的锚固构造”“设计按铰接”采用。

图 5.3.8　板钢筋锚固构造说明

6.1.3 地下室顶板、转换层楼板及屋面板的板面筋和底筋的锚固应满足l_a长度。

图 5.3.9　板钢筋边支座锚固

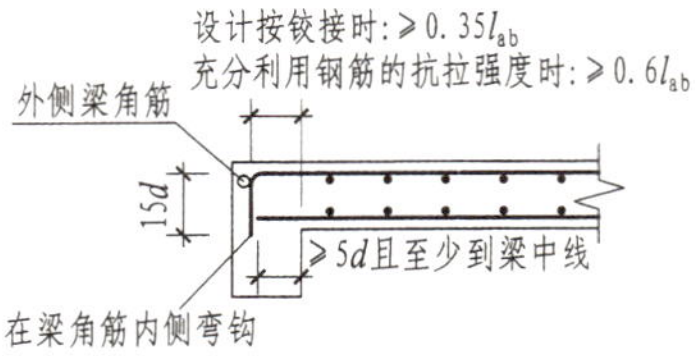

（a）普通楼屋面板

图 5.3.10　《22G101-1》P106 板边支座为梁时的锚固构造（局部）

由上面条件可知：板上部纵筋在边梁 KL2 内的水平锚固长度采用“在梁角筋内侧弯钩”的锚固方式，为 258mm，计算方式如图 5.3.11 所示。

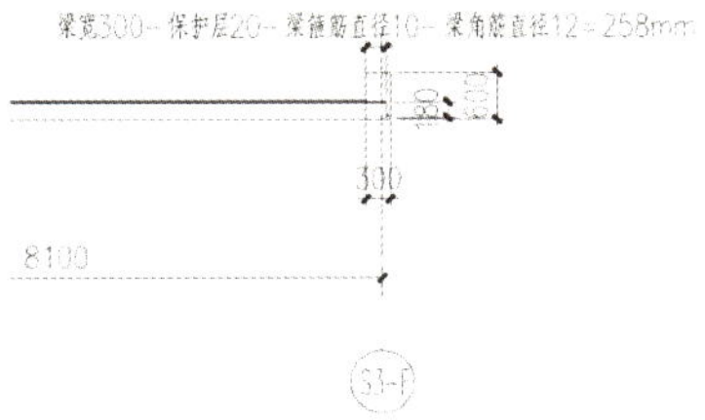

图 5.3.11　板面筋端支座锚固

竖直段锚固长度为 15d=180mm，所以，锚固总长度为 258+180=438mm ＞ l_a=32d=384mm，满足图 5.3.9 要求。

（6）板面受力主筋的连接位置及连接构造，情况复杂，请详见视频讲解。连接位置建模后位置如图 5.3.12、图 5.3.13 所示（连接位置可参考 5.3.1 中视频 2）。

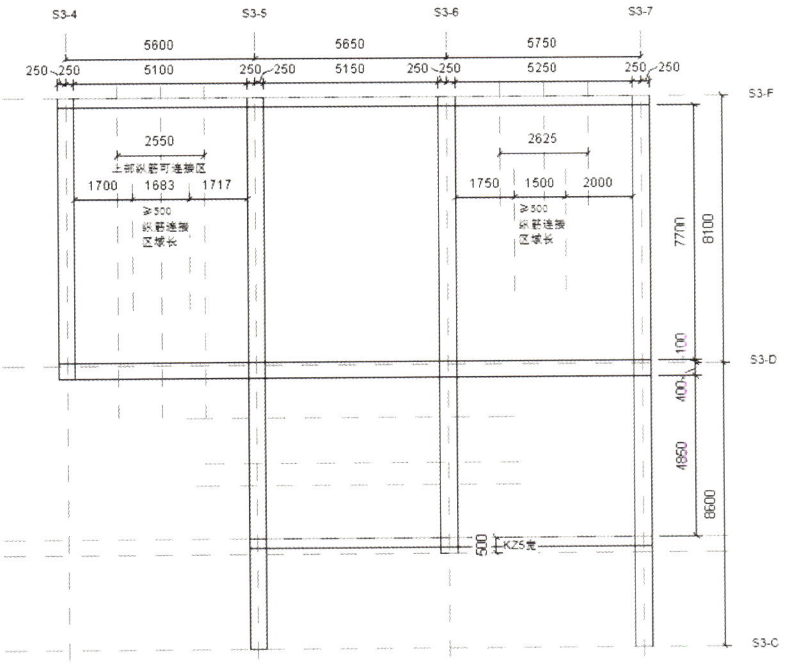

图 5.3.12　水平方向板上部贯通纵筋连接位置示意图

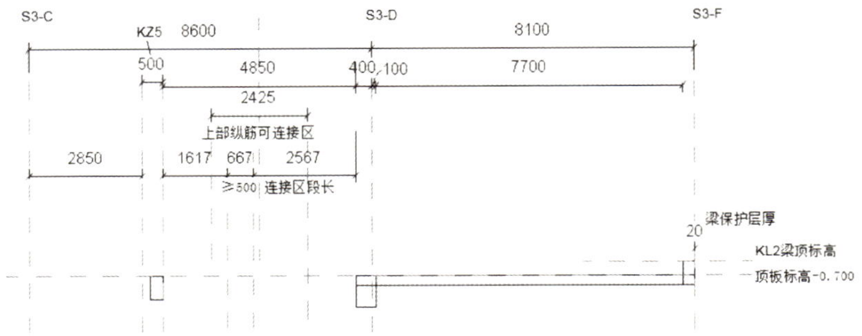

图 5.3.13　水平方向板上部贯通纵筋连接位置示意图

（7）板面附加筋在中间支座处挑出尺寸：如图 5.3.14 及图 5.3.15 所示，“1450”指的是从梁边算起。

6.1.5 板面支座负筋外伸长度从梁边算起。对于有较大柱角突出板中时，板面钢筋外伸长度从柱边算起。

图 5.3.14　板面支座负筋伸出长度

板面附加筋 E8 的水平投影长度为：梁宽 +1450×2=500+2900=7900mm，如图 5.3.15 所示。

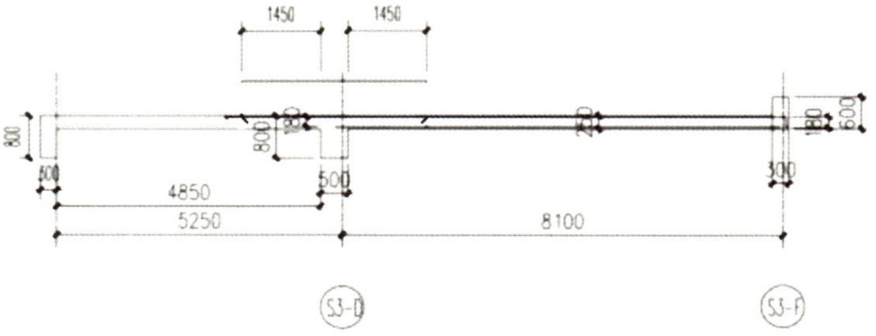

图 5.3.15　板面附加筋

（8）板底钢筋在支座的锚固长度：

边支座锚固：如图 5.3.10 所示，伸至梁中心线和 $5d$ 取大值，即 max（300/2，5×12）=150mm。

中间支座锚固：如图 5.3.16 所示，伸至梁中心线和 $5d$ 取大值，即 max（500/2，5×12）=250mm。但设计总说明中，设计规定如图 5.3.9 所示，应满足 $l_a=32d=384$mm。

综上所述，下部纵筋中间支座锚固长度取 max（250，384）=384mm。

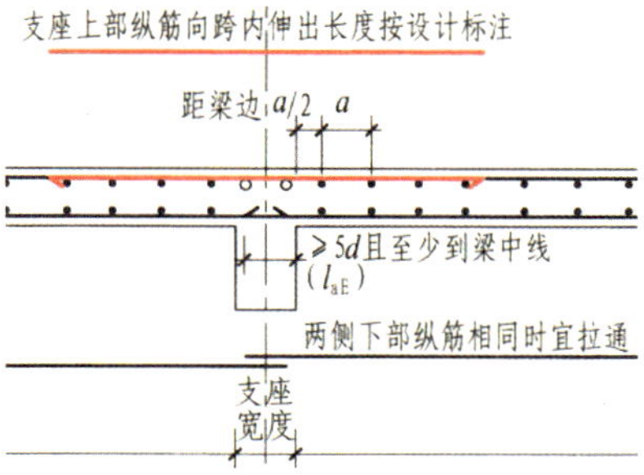

图 5.3.16 《22G101-1》P106 板底钢筋在中间支座锚固（局部）

综上所述，将板内所有钢筋的锚固情况汇总见表 5.3.2。

表 5.3.2 板内钢筋锚固长度汇总

板内钢筋	配筋信息	钢筋锚固长度
板面贯通筋	Φ12@180	在边支座锚固长度：水平 258（放置在梁上部通长筋内侧）；竖直：15d=180。 贯通至相邻板块的位置：至相邻板块跨中 1/3 净跨范围内，并与相邻钢筋连接点中心相距≥连接区长 500
板面非贯通筋	Φ14@180（附加） （S3-5；S3-6） Φ10@180（附加）（S3-D）	伸出梁边尺寸：1450
板底贯通筋	Φ12@180	在边支座内的锚固：150，直锚 中间支座：l_a=32d=384
板内分布筋	无	—

5.3.4 BIM 钢筋建模——钢筋建模

视频 1. 板 Y 方向上部纵筋建模　　视频 2. 板 X 方向上部纵筋建模

视频 3. 板上部 5、6 轴非贯通附加纵筋建模

视频 4. 板下部纵筋建模

视频 5. 板钢筋建模完成后

钢筋建模必备数据：

（1）板跨度（支座之间距离）；

（2）四边支座尺寸及其定位；

（3）相邻板块的跨度、支座尺寸及其定位尺寸；

（4）板内配筋情况。

5.3.5 填写 BIM 智慧钢筋翻样平台

视频 1. 钢筋 BIM 建模智慧翻样平台填写及导出 1

视频 2. 钢筋 BIM 建模智慧翻样平台填写及导出 2

5.3.6 导出下料表（完成）

视频 1. 钢筋 BIM 建模智慧翻样平台导出

【思政园地】请回顾一下，你在对该板块练习钢筋翻样的过程中，反复返工的环节是什么？为什么会有反复？翻样过程需要具备哪些专业素质？请你总结一下：

（1）____

（2）____

（3）____

…………

请你思考怎样才能做到又快又准确呢？

【能力提升】

1. 单选题

1. 有一板带上已配置贯通纵筋 Φ18@200，板带支座上部非贯通纵筋为 Φ12@200，则板带上支座附近板上部纵筋间距为（　　）mm。

A.100　　B.200　　C.150　　D.50

2. 板内纵向钢筋采用绑扎搭接连接时，接头处钢筋又以是非接触方式搭接，搭接部位钢筋净距不宜小于（　　）mm。

A.30　　B.60　　C.10　　D.20

3. 板内纵向钢筋采用绑扎搭接连接时，接头处钢筋又以是非接触方式搭接，搭接部位钢筋净距不宜小于（　　）。

A. 支座中线　　B. 支座边线　　C. 轴线　　D. 基准线

4. 对于 B：Xϕ10/12@100，说法错误的是（　　）。

A. 板下部配置的纵筋 X 向为 ϕ10 和 ϕ12 隔一布一

B. ϕ10 和 ϕ12 的间距为 100

C. 两个 ϕ10 之间的间距为 200

D. 两个 ϕ12 之间的间距为 100

5. 普通楼屋面板的下部纵筋应在端部支座处锚固（　　）。

A. $5d$

B. 梁宽的一半

C. $5d$ 和梁宽的一半两者之间取大值

D. 以上都不对

【综合技能强化训练】见第 8 章

【练习题答案】

1. A　　2. A　　3. A　　4. D　　5. C

6

剪力墙智慧钢筋翻样与下料

【学习目标】

知识目标：了解剪力墙的构成、边缘构件类型，熟悉并掌握剪力墙平法施工图的表示方法，熟悉并掌握边缘构件类型为构造边缘暗柱的剪力墙钢筋构造，理解并掌握其余边缘构件类型的剪力墙钢筋构造。

能力目标：通过剪力墙平法施工图表示方法及边缘构件类型为构造边缘暗柱的剪力墙钢筋构造的学习，能够读懂图纸，并根据设计及图集规定，将钢筋用BIM技术正确翻样出来，填写BIM智慧钢筋翻样平台，导出下料表。同时在学习中获得举一反三的通学能力，能够读懂其余边缘构件类型的剪力墙钢筋构造并进行翻样。

素养目标：通过识图与标准规范的学习，培养严格按照标准规范行事的职业素养，务实肯干、坚持不懈、精雕细琢的工匠精神，利用现代建筑信息模型（BIM）技术更好完成专业工作的数字素养。

【关键概念】

剪力墙；约束/构造边缘构件；水平/竖向分布钢筋。

6.1 剪力墙钢筋翻样与下料工作内容

1. 结合22G101-1《混凝土结构施工图平面整体表示方法制图规则和构造详图（现浇混凝土框架、剪力墙、梁、板）》进行图纸识读；

2. 归纳总结构件钢筋翻样的已知条件；

3. 用BIM技术进行三维可视化钢筋翻样；

4. 填写BIM智慧钢筋翻样平台；

5. 导出下料表。

6.2 剪力墙钢筋翻样与下料工作注意事项

1. 注意锚固长度与搭接长度的区别。

2. 注意区分约束边缘构件和构造边缘构件。

3. 注意钢筋翻样顺序：先竖直钢筋，其次水平钢筋，最后箍筋和拉筋。

4. 注意竖直钢筋和水平分布钢筋的相对位置关系：除地下室外墙外，水平分布钢筋在外侧。

5. 注意区分抗震与非抗震的钢筋弯钩直段长度及长度计算的位置。

6.3 剪力墙钢筋翻样与下料工作步骤

计算要求：根据图纸，请对图纸中塔楼 15.550～18.450 标高、12-4 轴交 12-A 轴处剪力墙进行钢筋翻样，如图 6.3.1 所示，其他需要用到的图纸，请查阅下载（见附录 2）。要求：1. 用 BIM 将剪力墙模型进行翻样，标注长度后，导出 CAD 格式留存；2. 将钢筋翻样结果填写到 BIM 智慧翻样平台，导出下料表留存。

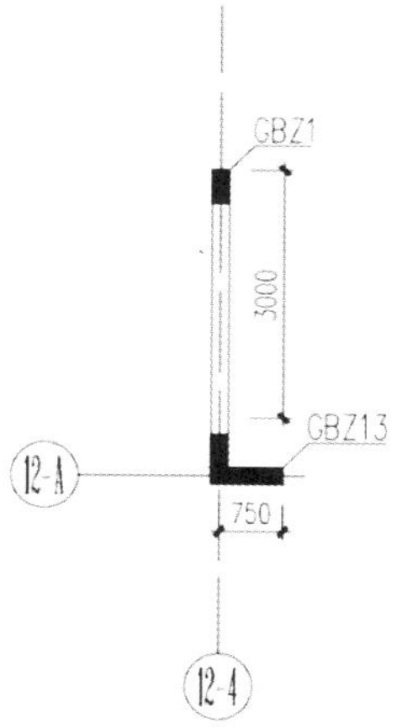

图 6.3.1 塔楼 15.550～18.450 标高、12-4 轴交 12-A 轴处剪力墙

6.3.1 墙的平法标注讲解

视频 1. 剪力墙钢筋注写方式

6.3.2 翻样需要用到的必要数据

视频 1. 剪力墙翻样需要用到的
必要数据（PPT）

（1）剪力墙竖向钢筋翻样需要：抗震等级，边缘构件类型，层高，边缘构件竖向钢筋直径与种类，竖直分布钢筋直径、间距及种类，混凝土强度等级，钢筋连接方式，混凝土保护层厚度。

（2）剪力墙水平分布钢筋翻样需要：墙身形状与尺寸，水平分布钢筋直径、间距及种类，边缘构件形状与尺寸。

（3）剪力墙箍筋、拉筋翻样需要：箍筋与拉筋的形状、直径、间距及种类。

（4）其他需要：该剪力墙是否有非边缘暗柱、暗梁或边框梁。

6.3.3 从图纸信息归纳已知条件

视频 1. 剪力墙翻样根据图纸查找
必要数据和信息

视频 2. 剪力墙箍筋拉筋翻样
1- 已知条件

（1）S001～S002 结构设计总说明：如图 6.3.2 所示，剪力墙抗震等级为三级；根据第 4.1.1 条，按照平法图集《22G101-1》P57 的规定（图 6.3.3），二 a 的非严寒地区露天环境下剪力墙最小保护层厚度为 20mm，考虑实际施工给予适当增大，按照 30mm 取用。根据第 4.2.1 条，结合该剪力墙中纵向受力钢筋直径最大为 14mm（《墙柱配筋详图》），未超过 18mm，机械连接、焊接连接和绑扎搭接三种钢筋连接方式均可采用，从复杂程度出发，本任务选择绑扎搭接。详见图 6.3.2～图 6.3.4。

2.2 主要设计参数

结构设计使用年限	建筑结构安全等级	抗震设防类别	抗震设防烈度	设计基本地震分组	建筑场地类别	设计基本地震加速度	地震影响系数最大值	特征周期
50年	二级	标准设防类	6度	第一组	Ⅱ类	0.05g	0.04	0.35

抗浮设计水位	地下水腐蚀性	地下室防水等级	砌体施工质量等级	地基基础设计等级	基本风压	地面粗糙度类别	风荷载体形系数	基本雪压
88.1m(高程)	微腐蚀	二级(种植顶板一级)	B级	甲级	0.35KN/m²	C类	1.4	——

结构部位			结构类型	嵌固部位	结构抗震等级			抗震构造措施采用的等级
					框架	剪力墙	框支框架	
高层塔楼及相关范围内的裙房和地下室	栋号	塔楼部分	剪力墙结构	地下室顶板		基础～屋面 三级		同抗震等级
		——						
		——						
独立的及高层塔楼相关范围以外的裙楼或多层结构，及其投影范围内的地下室	栋号	——						
		——						
		——						
独立的及高层塔楼相关范围以外的地下室	层数	-1层	框架结构	/	三级			同抗震等级
		——						
特殊构件抗震等级	斜撑_一_级，转换桁架_一_级，连体连接部位_一_级							

注：1）高度大于60米的高层建筑，承载力设计时风荷载计算按基本风压的1.1倍采用。2）本工程______为重点设防类，抗震措施按高于本地区设防烈度一度采用。

图 6.3.2　剪力墙抗震等级

混凝土结构的环境类别

环境类别	条　件
一	室内干燥环境； 无侵蚀性静水浸没环境
二a	室内潮湿环境； 非严寒和非寒冷地区的露天环境； 非严寒和非寒冷地区与无侵蚀性的水或土壤直接接触的环境； 严寒和寒冷地区的冰冻线以下与无侵蚀性的水或土壤直接接触的环境
二b	干湿交替环境； 水位频繁变动环境； 严寒和寒冷地区的露天环境； 严寒和寒冷地区冰冻线以上与无侵蚀性的水或土壤直接接触的环境
三a	严寒和寒冷地区冬季水位变动区环境； 受除冰盐影响环境； 海风环境
三b	盐渍土环境； 受除冰盐作用环境； 海岸环境
四	海水环境
五	受人为或自然的侵蚀性物质影响的环境

注：1. 室内潮湿环境是指构件表面经常处于结露或湿润状态的环境。
2. 严寒和寒冷地区的划分应符合现行国家标准《民用建筑热工设计规范》GB 50176的有关规定。
3. 海岸环境和海风环境宜根据当地情况，考虑主导风向及结构所处迎风、背风部位等因素的影响，由调查研究和工程经验确定。
4. 受除冰盐影响环境是指受到除冰盐盐雾影响的环境；受除冰盐作用环境是指被除冰盐溶液溅射的环境以及使用除冰盐地区的洗车房、停车楼等建筑。
5. 混凝土结构的环境类别是指混凝土暴露表面所处的环境条件。

混凝土保护层的最小厚度（mm）

环境类别	板、墙	梁、柱
一	15	20
二a	20	25
二b	25	35
三a	30	40
三b	40	50

注：1. 表中混凝土保护层厚度指最外层钢筋外边缘至混凝土表面的距离，适用于设计工作年限为50年的混凝土结构。
2. 构件中受力钢筋的保护层厚度不应小于钢筋的公称直径。
3. 一类环境中，设计工作年限为100年的结构最外层钢筋的保护层厚度不应小于表中数值的1.4倍；二、三类环境中，设计工作年限为100年的结构应采取专门的有效措施。四类和五类环境类别的混凝土结构，其耐久性要求应符合国家现行有关标准的规定。
4. 混凝土强度等级为C25时，表中保护层厚度数值应增加5mm。
5. 基础底面钢筋的保护层厚度，有混凝土垫层时应从垫层顶面算起，且不应小于40mm。

图 6.3.3 《22G101-1》P57 环境类别及混凝土保护层厚度（局部）

4.2.1 本工程中各构件的受力钢筋连接方式按下表采用(打“●”者为采用方式)，受力钢筋的接头应设在受力较小处，且不宜设在梁端及柱端的箍筋加密区范围。

构件 / 适用条件 / 连接方式	柱、钢筋混凝土墙、板			框架梁顶面贯通筋、梁底筋		转换梁	次梁纵筋	
	d<18	18≤d≤22	d>22	d≤22	d>22	全部	d≤22	d>22
机械连接	●	●	●	●	●	●	●	●
焊接连接	●	●		●			●	●
绑扎搭接	●						●	

图 6.3.4　受力钢筋连接方式

（2）塔楼墙柱定位图：墙身形状与尺寸详见图 6.3.1；根据层高表（图 6.3.5），该剪力墙不在约束边缘构件范围，所以其边缘构件属于构造边缘构件；层高 2.9m；混凝土强度等级为 C50；根据本页图纸说明 04“未注明的均为 Q1”以及剪力墙墙身表，知墙厚 200mm；水平分布钢筋为 2 排、HRB400、直径 8mm、间距 200mm；竖直分布钢筋为 2 排、HRB400、直径 10mm、间距 200mm；拉筋为 HRB400、直径 6mm、间距 600mm × 600mm、错开（即梅花形）布置；除墙身形状与尺寸外，其余详见图 6.3.5～图 6.3.6。

构架层			C30
屋面	96.800		C30
33	93.850	3000	C30
32	90.950	2900	C30
31	88.050	2900	C30
30	85.150	2900	C30
29	82.250	2900	C30
28	79.350	2900	C30
27	76.450	2900	C30
26	73.550	2900	C30
25	70.650	2900	C30
24	67.750	2900	C35
23	64.850	2900	C35
22	61.950	2900	C35
21	59.050	2900	C35
20	56.150	2900	C35
19	53.250	2900	C40
18	50.350	2900	C40
17	47.450	2900	C40
16	44.550	2900	C40
15	41.650	2900	C40
14	38.750	2900	C45
13	35.850	2900	C45
12	32.950	2900	C45
11	30.050	2900	C45
10	27.150	2900	C45
9	24.250	2900	C50
8	21.350	2900	C50

层号	标高(m)	层高(mm)	墙柱混凝土强度等级
7	18.450	2900	C50
6	15.550	2900	C50
5	12.650	2900	C55
4	9.750	2900	C55
3	6.850	2900	C55
2	3.950	2900	C55
1	-0.150	4100	C55
-1	-5.300	5150	C55
基础顶			C55

底部加强部位

约束边缘构件范围

塔楼嵌固端

图 6.3.5　层高、混凝土强度等级及约束边缘构件范围

剪力墙墙身表				
墙编号	墙厚	水平分布筋	垂直分布筋	拉筋
Q1	200	Φ8@200(2排)	Φ10@200(2排)	Φ6@600X600(错开布置)

图 6.3.6　墙厚、分布筋、拉筋信息

（3）墙柱配筋详图：构造边缘暗柱 GBZ1，竖向配筋 4 根直径 14mm 和 2 根直径 10mm 的 HRB400 钢筋，箍筋和拉筋均为 HRB400、直径 6mm、间距 200mm 的钢筋；构造边缘 L 型暗柱 GBZ13，竖向配筋 6 根直径 12mm 和 8 根直径 10mm 的 HRB400 钢筋，箍筋和拉筋均为 HRB400、直径 6mm、间距 200mm 的钢筋。边缘构件形状、尺寸及配筋详见图 6.3.7。

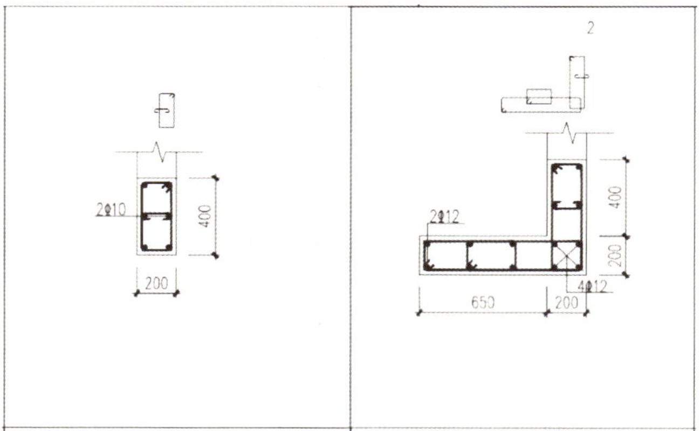

GBZ1	GBZ13
12.650~96.800	12.650~93.850
4Φ14+2Φ10	6Φ12+8Φ10
Φ6@200	Φ6@200

图 6.3.7　边缘构件形状、尺寸及配筋

6.3.4 BIM 参数化模型应用——钢筋建模

视频 1. 剪力墙身水平分布筋翻样
1—准备工作 1

视频 2. 剪力墙身水平分布筋翻样
1—准备工作 2

视频 3. 剪力墙身水平分布筋翻样
2—长直段和弯钩 1

视频 4. 剪力墙身水平分布筋翻样
2—长直段和弯钩 2

视频 5. 剪力墙身水平分布筋翻样
3—弯钩朝向控制 1

视频 6. 剪力墙身水平分布筋翻样
3—弯钩朝向控制 2

视频 7. 剪力墙身竖向筋翻样 4
——墙身竖向分布钢筋参数化翻样

视频 8. 剪力墙竖向钢筋翻样 1
——边缘构件第一类竖向钢筋翻样

视频 9. 剪力墙竖向钢筋翻样 2—边缘构
件第一类竖向钢筋翻样参数化 1

视频 10. 剪力墙竖向钢筋翻样 2—边缘
构件第一类竖向钢筋翻样参数化 2

视频 11. 剪力墙竖向钢筋翻样 3—边缘构件第二类竖向钢筋翻样参数化 1

视频 12. 剪力墙竖向钢筋翻样 3—边缘构件第二类竖向钢筋翻样参数化 2

视频 13. 剪力墙竖向钢筋翻样 3—边缘构件第二类竖向钢筋翻样参数化 3

视频 14. 剪力墙箍筋拉筋翻样 2—箍筋翻样准备工作 1

视频 15. 剪力墙箍筋拉筋翻样 2—箍筋翻样准备工作 2

视频 16. 剪力墙箍筋拉筋翻样 3—箍筋翻样实体创建一部分 1

视频 17. 剪力墙箍筋拉筋翻样 3—箍筋翻样实体创建一部分 2

视频 18. 剪力墙箍筋拉筋翻样 4—箍筋翻样实体创建另一部分 1

视频 19. 剪力墙箍筋拉筋翻样 4—箍筋翻样实体创建另一部分 2

视频 20. 剪力墙箍筋拉筋翻样 5—拉筋翻样准备工作 1

视频 21. 剪力墙箍筋拉筋翻样 5—拉筋翻样准备工作 2

视频 22. 剪力墙箍筋拉筋翻样 6—拉筋翻样实体创建 1

视频 23. 剪力墙箍筋拉筋翻样 6—拉筋翻样实体创建 2

由于剪力墙水平钢筋、箍筋及拉筋的尺寸会受到竖直钢筋具体排布的影响，因此应该先进行剪力墙竖直钢筋（包含边缘构件竖直钢筋和墙身竖直分布钢筋）的翻样建模，在 BIM 模型中排布好竖直钢筋后，再依靠 BIM 模型对其余钢筋进行精确翻样。剪力墙竖直钢筋排布时，需要注意混凝土保护层厚度并非所玟厚度 30mm，因为剪力墙分布钢筋的拉结筋需要同时勾住竖直和水平分布钢筋，因此保护层是从拉筋最外侧算起，同时，水平分布钢筋处于竖直钢筋的外侧，所以剪力墙竖直钢筋的实际混凝土保护层厚度应该为：

剪力墙厚度方向：8+6+30=44mm

剪力墙长度方向：6+30=36mm

（1）剪力墙边缘构件竖直钢筋翻样：剪力墙抗震等级为三级，根据标准图集《22G101-1》P77 剪力墙边缘构件纵向钢筋连接构造（图 6.3.8）和 P62 纵向受拉钢筋抗震搭接长度表（图 6.3.9），确定钢筋连接具体方案，并计算搭接长度 l_{lE} 和接头净间距 0.3 l_{lE} 分别为 0.3 l_{lE}（钢筋直径取边缘构件中最大的钢筋直径 14mm）：

$$l_{lE}=39d=39\times14=546\text{mm，取整为 }550\text{mm}$$

$$0.3\ l_{lE}=0.3\times550=165\text{mm}$$

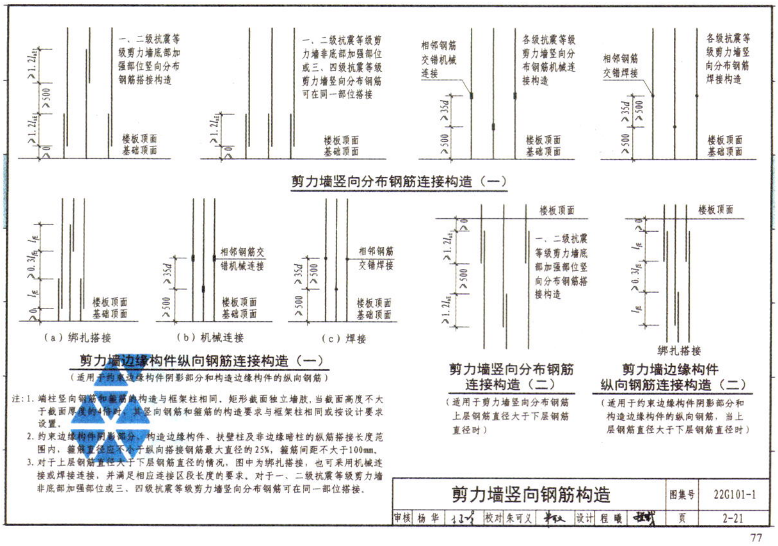

图 6.3.8 《22G101-1》P77 剪力墙边缘构件竖向钢筋搭接连接构造

纵向受拉钢筋抗震搭接长度 l_{lE}

钢筋种类及同一区段内搭接钢筋面积百分率			混凝土强度等级															
			C25		C30		C35		C40		C45		C50		C55		C60	
			$d\leqslant25$	$d>25$	$d\leqslant25$	$d>25$	$d\leqslant25$	$d>25$	$d\leqslant25$	$d>25$	$d\leqslant25$	$d>25$	$d\leqslant25$	$d>25$	$d\leqslant25$	$d>25$	$d\leqslant25$	$d>25$
一、二级抗震等级	HPB300	≤25%	47d	—	42d	—	38d	—	35d	—	34d	—	31d	—	30d	—	29d	—
		50%	55d	—	49d	—	45d	—	41d	—	39d	—	36d	—	35d	—	34d	—
	HRB400 HRBF400	≤25%	55d	61d	48d	54d	44d	48d	40d	44d	38d	43d	37d	42d	36d	40d	35d	38d
		50%	64d	71d	56d	63d	52d	56d	46d	52d	45d	50d	43d	49d	42d	46d	41d	45d
	HRB500 HRBF500	≤25%	66d	73d	59d	65d	54d	59d	49d	55d	47d	52d	44d	48d	43d	47d	42d	46d
		50%	77d	85d	69d	76d	63d	69d	57d	64d	55d	60d	52d	56d	50d	55d	49d	53d
三级抗震等级	HPB300	≤25%	43d	—	38d	—	35d	—	31d	—	30d	—	29d	—	28d	—	26d	—
		50%	50d	—	45d	—	41d	—	36d	—	35d	—	34d	—	32d	—	31d	—
	HRB400 HRBF400	≤25%	50d	55d	44d	49d	41d	44d	36d	41d	35d	40d	34d	38d	32d	36d	31d	35d
		50%	59d	64d	52d	57d	48d	52d	42d	48d	41d	46d	39d	45d	38d	42d	36d	41d
	HRB500 HRBF500	≤25%	60d	67d	54d	59d	49d	54d	46d	50d	43d	47d	41d	44d	40d	43d	38d	42d
		50%	70d	78d	63d	69d	57d	63d	53d	59d	50d	55d	48d	52d	46d	50d	45d	49d

注：1. 表中数值为纵向受拉钢筋绑扎搭接接头的搭接长度。
2. 两根不同直径钢筋搭接时，表中d取钢筋较小直径。
3. 当为环氧树脂涂层带肋钢筋时，表中数据尚应乘以1.25。
4. 当纵向受拉钢筋在施工过程中易受扰动时，表中数据尚应乘以1.1。
5. 当搭接长度范围内纵向受力钢筋周边保护层厚度为3d（d为锚固钢筋的直径）时，表中数据可乘以0.8；保护层厚度不小于5d时，表中数据可乘以0.7；中间时按内插值。
6. 当上述修正系数（注3～注5）多于一项时，可按连乘计算。
7. 当位于同一连接区段内的钢筋搭接接头面积百分率为100%时，$l_{lE}=1.6l_{aE}$。
8. 当位于同一连接区段内的钢筋搭接接头面积百分率为表中数据中间值时，搭接长度可按内插取值。
9. 任何情况下，搭接长度不应小于300mm。
10. 四级抗震等级时，$l_{lE}=l_l$。详见本图集第2-5页。
11. HPB300级钢筋末端应做180°弯钩，做法详见本图集第2-2页。

纵向受拉钢筋抗震搭接长度l_{lE}	图集号	22G101-1
审核 郁银泉 校对 冯海悦 设计 李增银	页	2-6

图 6.3.9 《22G101-1》P62 纵向受拉钢筋抗震搭接长度

按照搭接接头的两种不同位置（图 6.3.10），剪力墙边缘构件竖直钢筋翻样长度计算如下：

$$层高+l_{aE}=2900+550=3450\text{mm}$$

$$(层高-l_{aE}+0.3l_{aE})+2l_{aE}+0.3l_{aE}=层高+l_{aE}=3450\text{mm}$$

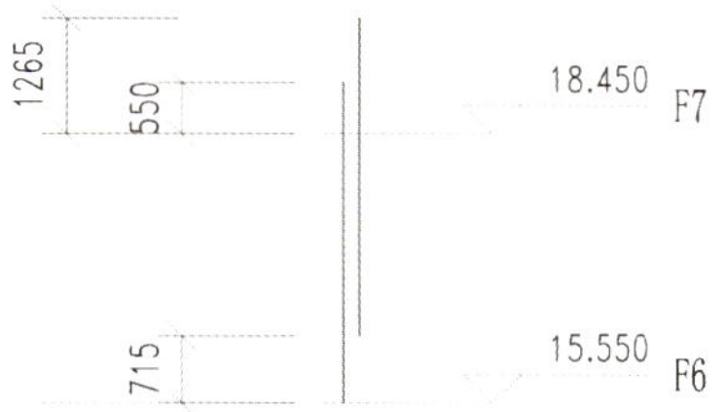

图 6.3.10 边缘构件竖直钢筋搭接接头的两种不同位置

（2）剪力墙竖直分布钢筋翻样：根据标准图集《22G101-1》P77 剪力墙边缘构件竖向钢筋连接构造（图 6.3.8），可确定钢筋连接具体方案：由于该处剪力墙抗震等级为三级，可在同一部位搭接。根据受拉钢筋抗震锚固长度表（图 6.3.9），计算抗震搭接长度 l_{aE} 为：

$$1.2l_{aE}=1.2\times 28d=1.2\times 28\times 10=336\text{mm，取整为 }340\text{mm}$$

剪力墙竖直分布钢筋翻样长度计算如下：

$$\text{层高}+1.2l_{aE}=2900+340=3240\text{mm}$$

（3）剪力墙水平分布钢筋翻样：根据标准图集《22G101-1》P75 剪力墙水平分布钢筋构造详图（图 6.3.11），确定剪力墙水平分布钢筋有两种。无论哪一种，两端 90° 弯折后的直段长度计算如下：

$$10d=10\times 8=80\text{mm}$$

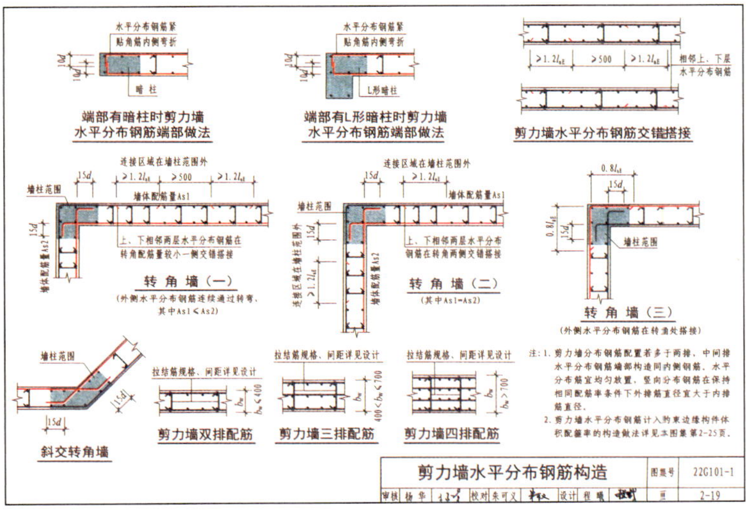

图 6.3.11 《22G101-1》P75 剪力墙水平分布钢筋构造详图

根据标准图集《22G101-1》P58 钢筋弯钩与弯折的弯弧内直径要求（图 6.3.12），弯弧内直径计算如下：

$$4d = 4 \times 8 = 32\text{mm}$$

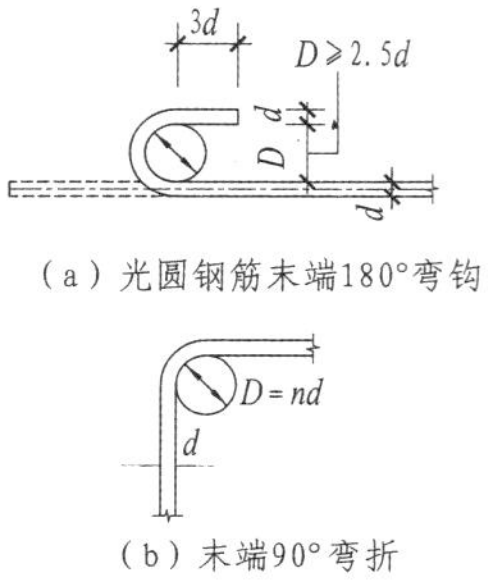

钢筋弯折的弯弧内直径 *D*

注：钢筋弯折的弯弧内直径 D 应符合下列规定：

1. 光圆钢筋不应小于钢筋直径的2.5倍。
2. 400MPa级带肋钢筋不应小于钢筋直径的4倍。
3. 500MPa级带肋钢筋，当直径 $d \leqslant 25$mm时，不应小于钢筋直径的6倍；当直径 $d > 25$mm时，不应小于钢筋直径的7倍。
4. 位于框架结构顶层端节点处的梁上部纵向钢筋和柱外侧纵向钢筋，在节点角部弯折处，当钢筋直径 $d \leqslant 25$mm时，不应小于钢筋直径的12倍；当直径 $d > 25$mm时，不应小于钢筋直径的16倍。
5. 箍筋弯折处尚不应小于纵向受力钢筋直径；箍筋弯折处纵向受力钢筋为搭接或并筋时，应按钢筋实际排布情况确定箍筋弯弧内直径。

图 6.3.12 《22G101-1》P58 钢筋弯钩与弯折的弯弧内直径（局部）

由于剪力墙水平分布钢筋其长直段尺寸受边缘构件端部竖直钢筋的具体位置影响，比较难精确计算，因此，可以通过 BIM 模型虚拟翻样获得其精确长度，详见图 6.3.13。需要注意的是，钢筋各部分的翻样长度均为钢筋外缘长度。

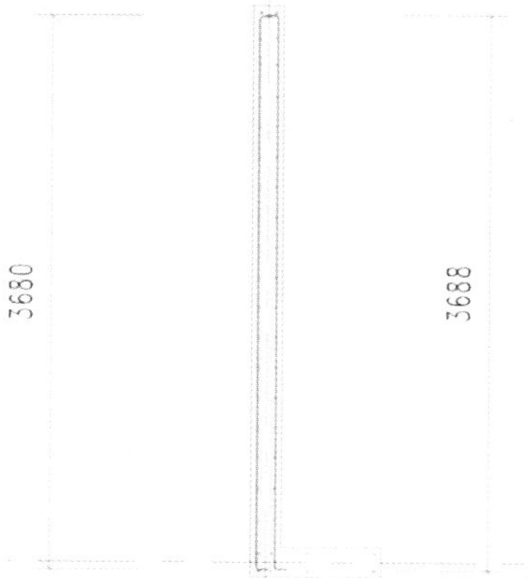

图 6.3.13　剪力墙水平分布钢筋 BIM 虚拟翻样

（4）箍筋和拉筋翻样：根据标准图集《22G101-1》P63 一般构造要求（图 6.3.14），箍筋和拉筋 135° 弯折后的直段长度是 $10d$ 和 75mm 的较大值，因此该直段长度计算如下：

$$10d = 10 \times 6 = 60\text{mm} < 75\text{mm}，取75\text{mm}$$

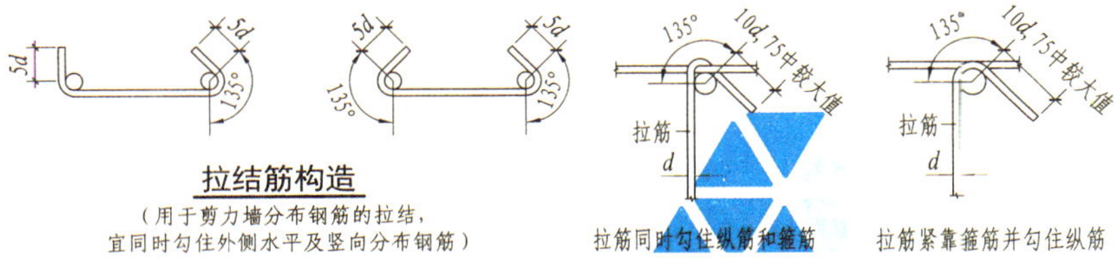

图 6.3.14 《22G101-1》P63 箍筋和拉筋的构造要求（局部）

根据标准图集《22G101-1》P58 钢筋弯钩与弯折的弯弧内直径要求（图 6.3.12），弯弧内直径计算如下：

$$4d = 4 \times 6 = 24\text{mm} > 14\text{mm}，取24\text{mm}$$

作为边缘构件中复合箍筋的组成部分的拉筋，因为紧靠外围封闭箍筋，所以可选择只勾住纵筋的构造形式，如图 6.3.14 中“拉筋紧靠箍筋并勾住纵筋”所示。作为剪力墙墙身分布钢筋的拉筋，则可选择同时勾住竖直和水平分布钢筋的构造形式，如图 6.3.14 中“拉筋同时勾住纵筋和箍筋”所示。由于箍筋和拉筋的各部分尺寸受其他钢筋的具体位置、是否有连接、连接形式等众多因素影响，精确计算难度较大，因此，可以通过 BIM 模型虚拟翻样获得其精确长度，详见图 6.3.15～图 6.3.19。需要注意的是，箍筋和拉筋的各部分翻样长度均为钢筋外缘长度。

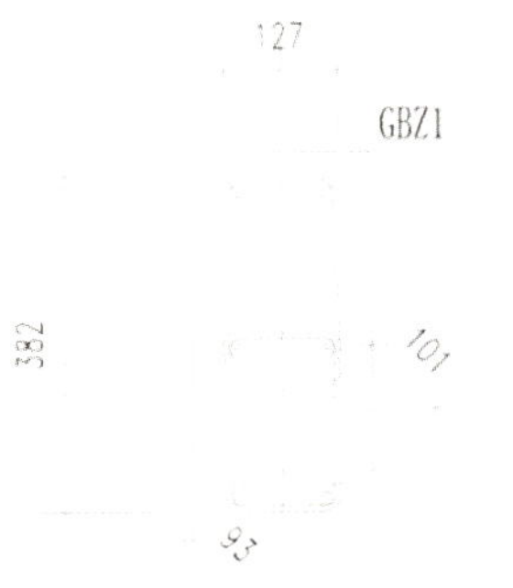

图 6.3.15 边缘构件 GBZ1 箍筋 BIM 虚拟翻样

图 6.3.16 边缘构件 GBZ13 箍筋 BIM 虚拟翻样一

图 6.3.17　边缘构件 GBZ13 箍筋 BIM 虚拟翻样二

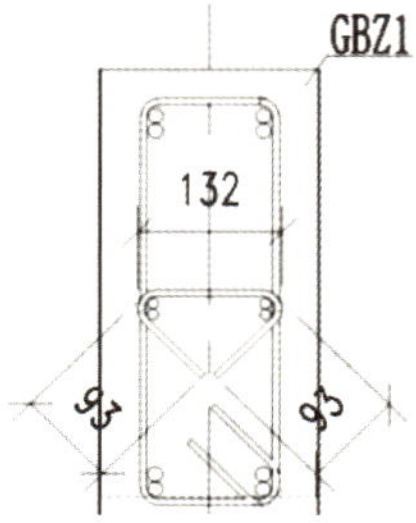

图 6.3.18　边缘构件的拉筋 BIM 虚拟翻样

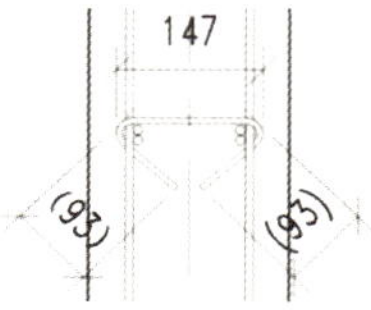

图 6.3.19　墙身分布钢筋的拉筋 BIM 虚拟翻样

6.3.5 填写 BIM 智慧钢筋翻样平台

可参考梁章节钢筋下料表的填写过程。

6.3.6 上传下料平台导出翻样结果

视频 1. 剪力墙钢筋填写翻样平台及下料表的导出

【思政园地】剪力墙包含墙身、墙柱（边缘构件）和墙梁（连梁）三个部分，钢筋容量非常大，在翻样过程中容易错漏，所以，细致认真阅读图纸是学生必备的专业素养。

【能力提升】

1. 单选题

（1）当剪力墙厚度不大于400mm时，分布钢筋应设置（　　）排。

A.2　　B.1　　C.4　　D.3

（2）某剪力墙上标有JD4 800×300+1.2000　3⌀14/3⌀12，表示洞口宽度方向补配（　　）。

A. 上下边3⌀14

B. 上下边3⌀12

C. 上边3⌀4，下边3⌀12

D. 左边3⌀14，右边3⌀12

（3）当剪力墙上开有洞口宽度或直径大于（　　）mm时，在洞口（　　）需设置补强暗梁。

A. 800；上下　B. 800；四角　C. 1000；上下　D.1000；四角

（4）剪力墙内存在竖向非贯通钢筋，它一般位于（　　）。

A. 与水平楼层相交处

B. 梁端

C. 上下层水平楼板之间

D. 没有规律

（5）一、二级抗震等级剪力墙底部加强部位竖向分布钢筋连接方式可以采用（　　）。

A. 错开绑扎连接

B. 机械连接

C. 焊接连接

D. 同一部位搭接

2. 多选题

（1）按《22G101》图集规定，剪力墙平法施工图可以采用（　　）。

A. 列表注写方式

B. 截面注写方式

C. 平面注写方式

D. 索引注写方式

（2）约束边缘构件包括（　　）。

A. 约束边缘暗柱

B. 约束边缘端柱

C. 约束边缘翼墙

D. 约束边缘转角墙

E. 约束边缘暗梁

（3）构造边缘构件包括（　　）。

A. 构造边缘暗柱

B. 构造边缘端柱

C. 构造边缘翼墙

D. 构造边缘转角墙

E. 构造边缘暗梁

（4）对于不同位置的剪力墙，只有当（　　）同时具备时，才可将其编为同一柱号。

A. 截面尺寸相同

B. 配筋相同

C. 截面与轴线的关系相同

D. 箍筋加密区长度相同

E. 纵向钢筋根数相同

（5）剪力墙墙身钢筋有（　　）。

A. 水平筋 B. 竖向筋 C. 拉筋 D. 洞口加强筋

【综合技能强化训练】见第 8 章

【练习题答案】

1. 单选题

（1）A　（2）A　（3）A　（4）A　（5）A

2. 多选题

（1）AB　（2）ABCD　（3）ABCD

（4）ABE　（5）ABCD

7

楼梯智慧钢筋翻样与下料

【学习目标】

知识目标：了解板式楼梯结构分类，熟悉并掌握AT型楼梯钢筋构造，理解其余结构类型板式楼梯钢筋构造。

能力目标：通过AT型楼梯制图规则及钢筋构造的学习，能够读懂图纸，并根据设计及图集规定，将钢筋用BIM技术正确翻样出来，填写CPS智慧钢筋BIM翻样平台，导出下料表。同时在学习中获得举一反三的通学能力，能够读懂其余板式楼梯钢筋构造。

素养目标：通过识图与规范学习，培养与他人精诚合作的精神，遇到问题困难，正确面对、积极寻求解决办法，使用先进的BIM技术完成复杂节点钢筋翻样的创新能力。

【关键概念】

楼梯类型；楼梯代号；梯板；梯梁。

7.1 楼梯钢筋翻样与下料工作内容

1. 结合22G101-2《混凝土结构施工图平面整体表示方法制图规则和构造详图（现浇混凝土板式楼梯）》进行图纸识读。

2. 归纳总结构件钢筋翻样的已知条件。

3. 用BIM技术进行三维可视化钢筋翻样。

4. 填写BIM智慧钢筋翻样平台。

5. 上传一线下料系统并导出下料表。

7.2 楼梯钢筋翻样与下料工作注意事项

1. 注意区分不同类型楼梯的构造特点（包括：AT、BT、CT、DT、ET、FT、GT、ATa、ATb、ATc、BTb、CTa、CTb、DTb）。

2. 注意梯板长度、踏步段长度的区别。

3. 注意区分梯板锚固时“设计按铰接”和“设计考虑充分发挥钢筋抗拉强度”的区别。

7.3　楼梯钢筋翻样与下料工作步骤

计算要求：根据图纸，请对塔楼 12 号部分标准层 AT 型楼梯（计算一层即可）进行翻样。该 AT 型楼梯平面图如图 7.3.1 所示，其他需要用到的图纸，请查阅下载图纸（见附录 2）。要求：1. 用 BIM 将楼梯模型进行翻样，标注长度后，导出 CAD 格式留存；2. 将钢筋翻样结果上传 BIM 智慧翻样平台，导出下料表留存。

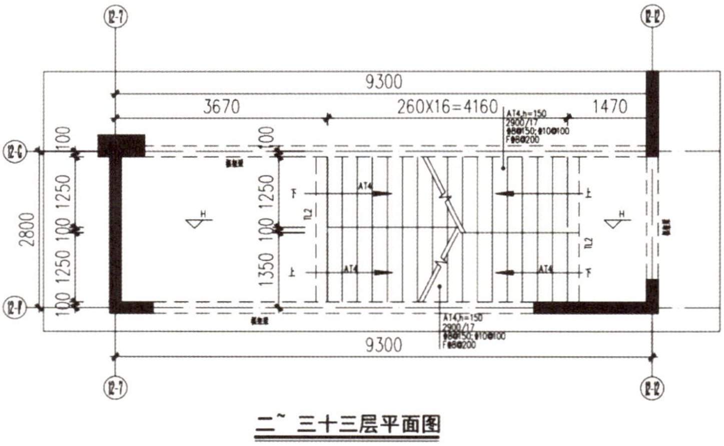

图 7.3.1　塔楼楼梯大样图中“二～三十三层平面图”

7.3.1 翻样需要用到的必要数据

视频 1. 楼梯智慧钢筋翻样与下料基本参数

（1）楼梯类型；

（2）集中注写，包括：梯板厚度 h 、踏步段总高度 H_s 、踏步数 m 、踏步级数 $(m+1)$ 、上部纵筋、下部纵筋、楼板分布筋；

（3）楼梯尺寸，包括：楼层平台宽 b_f 、踏步宽 b_s 、踏步高 h_s 、踏步段水平长 l_{sn} 、层间平台宽 b_p 、楼板宽、缝宽、梯板跨度 l_n 、1/4 梯板跨度 $l_n/4$ ；

（4）上部、下部纵筋锚固的设计情况；

（5）分布筋级别、直径、间距、锚固等；

（6）其他构造信息：混凝土强度、受拉钢筋基本锚固长度 l_{ab} 、抗震设计时受拉钢筋基本锚固长度 l_{abE} 、受拉钢筋锚固长度 l_a 、受拉钢筋抗震锚固长度 l_{aE} 、钢筋弯折的弯弧内直径 D 、钢筋直径 d 、保护层厚度；

详见图 7.3.2、图 7.3.3 所示。

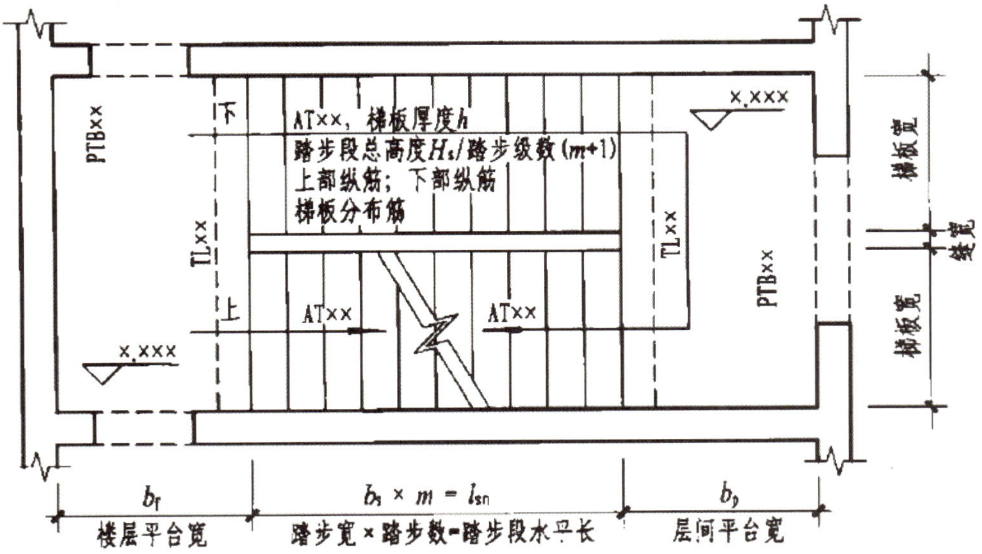

图 7.3.2 标高 x.xxx～标高 x.xxx 楼梯平面图

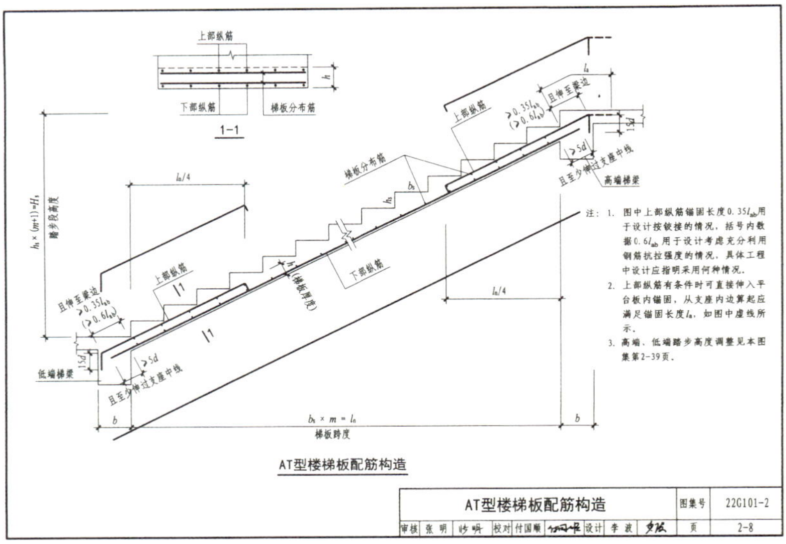

图 7.3.3　AT 型楼梯板配筋构造

7.3.2 从图纸信息归纳已知条件

视频 1. 楼梯智慧钢筋翻样与下料数据查找

（1）楼梯类型：AT ；

（2）集中注写：

梯板厚度 $h=150$；

踏步段总高度 $H_s=2900$ ；

踏步数 $m=17$；

踏步级数 $(m+1)=18$；

上部纵筋：HRB400，⌀ 8@150；

下部纵筋；HRB400，⌀ 10@100；

楼板分布筋：HRB400，⌀ 8@200；

详见图 7.3.4 所示。

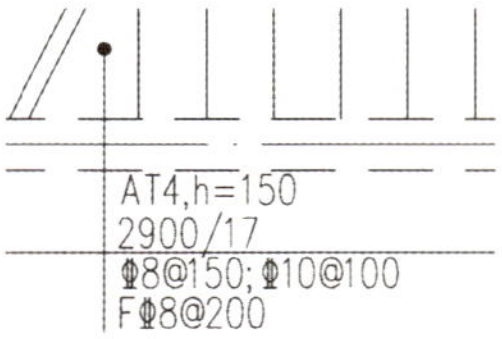

图 7.3.4 塔楼楼梯大样图集中注写（局部）

（3）楼梯尺寸：

楼层平台宽 $b_f = 3670$；

踏步宽 $b_s = 260$；

踏步高 $h_s = 2900/17 = 170.59$；

踏步段水平长 $l_{sn} = 260 \times 16 = 4160$；

层间平台宽 $b_p = 1470$；

楼板宽 =1250；

梯井宽 =100；

梯板跨度 $l_n = l_{sn} = 260 \times 16 = 4160$；

1/4 梯板跨度 $l_n / 4 = 1040$；

梯梁尺寸：200 宽，400 高。

以上信息详见图 7.3.1、图 7.3.5 所示。

图 7.3.5 塔楼梯梁大样图集中注写（局部）

（4）其他构造信息

混凝土强度：C30；详见图 7.3.6、图 7.3.7 所示。

说明：

1. 楼梯梁、板、柱混凝土强度等级同楼层梁、板混凝土强度等级

图 7.3.6 塔楼楼梯大样说明 1

8	21.350	2900	C30
7	18.450	2900	C30
6	15.550	2900	C30
5	12.650	2900	C30
4	9.750	2900	C30
3	6.850	2900	C30
2	3.950	2900	C30
1	-0.150	4100	C30
-1	-5.300	5150	C30
基础顶			C30
层号	标高(m)	层高(mm)	梁板混凝土强度等级

结构层楼面标高
结 构 层 高
混凝土强度等级

图 7.3.7　混凝土强度等级

保护层厚度：按照图 6.3.3“混凝土保护层的最小厚度”表及说明，楼梯位于室内环境，为一级，故楼梯板、剪力墙保护层厚度为 15mm；楼梯梁保护层厚度为 20mm，详见图 7.3.8 所示。

混凝土保护层的最小厚度（mm）

环境类别	板、墙	梁、柱
一	15	20
二a	20	25
二b	25	35
三a	30	40
三b	40	50

图 7.3.8 《22G101-1》P57（局部）

根据图 6.3.12 所示，钢筋弯折的弯弧内直径 D：$D=4d$。

（5）钢筋锚固情况

上部纵筋锚固情况：根据结构设计总说明第 6.1.1 条，楼板的锚固构造按铰接采用，详见图 7.3.9 所示。

6.1.1 板钢筋锚固构造要求详见《22G101-1》，当板端支座为梁时按《22G101-1》第106页“板在端部支座的锚固构造”“设计按铰接”采用。

图 7.3.9　结构设计总说明（一）6.1.1

根据《22G101-2》图集 P28 注 1 说明，如图 7.3.3 所示，梯板上部纵向钢筋在端支座的锚固采用“平直段伸至支座对边后弯折，且平直段长度不小于 0.35 l_{ab}，弯折段投影长度 $15d$（d 为纵向钢筋直径）”的锚固方式。

同时，按图 7.3.10 所示，楼梯钢筋可以根据具体工程的实际情况增加抗震构造措施，同时将图集中的 l_a、l_{ab} 变更为 l_{aE}、l_{abE}。

1.0.11 本图集AT～GT型楼梯，设计者可根据具体工程的实际情况增加抗震构造措施，同时将图集中l_a、l_{ab}变更为l_{aE}、l_{abE}。

图 7.3.10 《22G101-2》P6（局部）

查看图 7.3.11 知，楼梯的抗震等级为三级，故本工程上部纵向钢筋平直段应伸至支座对边后弯折，且平直段长度不小于 0.35 l_{abE}，弯折段投影长度 $15d$（d 为纵向钢筋直径）。由于上部纵筋采用 HRB400，⌀ 8@150 钢筋，查图 3.3.17“抗震设计时受拉钢筋基本锚固长度 l_{abE}”表，三级抗震时平直段长度不小于 $0.35l_{abE} = 0.35\times37d = 0.35\times37\times8 = 103.6$mm；此时上部纵向钢筋伸至支座（即梯梁，宽度 200mm）对边后长度必定大于 $0.35l_{abE}$，故直接按伸至支座对边后弯折建模即可满足要求。详见图 7.3.10、图 7.3.11、图 3.3.17 所示。

5.楼梯抗震等级为三级。

图 7.3.11 塔楼楼梯大样说明 5

下部纵筋锚固情况：根据图 7.3.3，下部纵筋平直段至少伸过支座（梯梁，宽度 200）中线，且 $\geqslant 5d$。由于下部纵筋采用 HRB400，⌀ 10@100，应 $\geqslant 5d = 5\times10 = 50$mm；故下部纵筋按伸过中线建模即可满足要求。

梯板分布筋锚固情况：一般情况下 AT 型楼梯的梯板分布筋为非受力钢筋，不需考虑抗震，不需弯折锚固，其长度按梯面宽度扣减保护层厚度即可。但根据塔楼楼梯大样图中说明第 3 条的要求，“与剪力墙相连处，梯板的钢筋锚入墙内，锚固长度为 l_a”，故本工程楼梯板分布钢筋凡与剪力墙相连接处，均锚入剪力墙，且长度为 l_a；由于梯板分布钢筋采用 HRB400、⌀ 8@200 钢筋，查《22G101-2》P23“受拉钢筋锚固长度”表可知，$l_a = 35d = 280$mm，详见图 7.3.12 所示。

受拉钢筋锚固长度 l_a

钢筋种类	混凝土强度等级															
	C25		C30		C35		C40		C45		C50		C55		≥C60	
	$d \leqslant 25$	$d > 25$	$d \leqslant 25$	$d > 25$	$d \leqslant 25$	$d > 25$	$d \leqslant 25$	$d > 25$	$d \leqslant 25$	$d > 25$	$d \leqslant 25$	$d > 25$	$d \leqslant 25$	$d > 25$	$d \leqslant 25$	$d > 25$
HPB300	34*d*	—	30*d*	—	28*d*	—	25*d*	—	24*d*	—	23*d*	—	22*d*	—	21*d*	—
HRB400、HRBF400 RRB400	40*d*	44*d*	35*d*	39*d*	32*d*	35*d*	29*d*	32*d*	28*d*	31*d*	27*d*	30*d*	26*d*	29*d*	25*d*	28*d*
HRB500、HRBF500	48*d*	53*d*	43*d*	47*d*	39*d*	43*d*	36*d*	40*d*	34*d*	37*d*	32*d*	35*d*	31*d*	34*d*	30*d*	33*d*

图 7.3.12　受拉钢筋锚固长度 l_a

钢筋锚固的特殊要求：根据塔楼楼梯大样图中说明第 11 条，“其中面筋改为拉通配置，且拉通面积不得小于底筋面积的 50%”；由于底筋采用 ⌀ 10@100，面筋采用 ⌀ 8@150，相应底筋每延长米 50% 面积为 392.5mm^2，面筋每延长米面积为 334.933mm^2，故本工程施工时面筋应全部拉通，详见图 7.3.13 所示。

11. 本图应结合混凝土结构施工图平面整体表示法制图规则和构造详图集《现浇混凝土板式楼梯》22G101-2施工。其中面筋改为拉通配置，且拉通面筋面积不得小于底筋面积的50%

图 7.3.13　塔楼梯梁大样图中说明（局部）

7.3.3 BIM 参数化模型应用——钢筋建模

为展示通用 AT 型钢筋建模过程，以下视频展示了普通 AT 型楼梯（按照面筋不拉通，且分布筋不锚入剪力墙）方法创建 BIM 钢筋模型的全过程。

视频 1. 楼梯钢筋建模 1

视频 2. 楼梯钢筋建模 2

7.3.4 填写 BIM 智慧钢筋翻样平台

视频 1. 楼梯智慧钢筋翻样平台下料表填写及导出

7.3.5 上传下料平台并导出翻样结果（见 7.3.4 节视频）

【思政园地】

楼梯是建筑楼层间重要的交通构造，而且火灾发生时，没有防火、防烟措施的普通电梯无法正常运行，楼梯就是最主要的垂直疏散设施。在设计和施工中，我们要始终把人民生命安全放在首位，以对党和人民高度负责的精神，完善制度、强化责任、加强管理、严格监管，切实保证建筑结构的安全可靠。

【能力提升】

单选题

（1）以下楼梯类型中，参与结构整体抗震计算的是（　　）。

A. ATa　　B. ATb　　C. ATc　　D. AT

（2）以下不属于必须在结构设计说明中写明的楼梯配筋信息是（　　）。

A. 环境类别

B. AT～GT 型楼梯上部纵向钢筋锚固要求

C. 混凝土强度

D. 上部纵向钢筋直径

（3）以下不适用于剪力墙的楼梯类型是（　　）。

A. AT　　B. ATb　　C. BT　　D. CT

（4）以下不包含平板段的楼梯类型是（　　）。

A. AT　　B. BT　　C. CT　　D. ET

（5）以下不属于楼梯平面集中标注内容的是（　　）。

A. 梯板宽度

B. 踏步段总高度

C. 踏步数

D. 楼板分布筋

【综合技能强化训练】见第 8 章

【练习题答案】

1. C　　2. A　　3. B　　4. A　　5. A

8

实 训

8.1　独立基础实训

【任务】阅读附录 2 教材用图纸 S101 地下室基础结构图，请给停车场范围内 JC3 进行钢筋翻样下料。完成下面的实训任务。

基本信息见表 8.1。

表 8.1　基本信息识读

基本信息分类	基本信息内容	基本信息出处
结构抗震等级		图纸 S001 结构设计总说明第 ________ 点
基础混凝土强度等级		图纸 ______________________________ 第 _______ 点
基础的环境类别		图纸 ______________________________ 第 _______ 点
钢筋保护层		图纸 ______________________________ 第 _______ 点
该类型基础数量		

提示：对基础进行数量统计时，建议按照一定的顺序进行统计。比如，按从上至下、从左至右的顺序依次识读统计，避免遗漏。

1. JC3 基本信息识读

停车场范围内 JC3 的顶标高为 ____________，基础截面尺寸为 __________________，基础样式按照图纸规定，应采用样式 _________，原因是 ____________________，基础配筋为 ________________________________，基础柱预留插筋为 ____________________________。

2. 根据 JC3 基本信息，用 BIM 参数化模型，将独立基础钢筋进行翻样，翻样后，将模型上传课程平台。

3. 导出 CAD 格式留存，同时也上传课程平台，并填写 BIM 钢筋智慧翻样平台。

4. 将填写好的下料表导出留存，同时上传课程平台。

8.2　框架柱实训

【任务】阅读附录 2 教材用图纸 S201 地下室墙柱定位及配筋图，请给（S3-6 轴 ×S3-F 轴）处 KZ2 进行钢筋翻样下料。完成下面的实训任务。

1. 基本信息识读

基本信息见表 8.2。

表 8.2　基本信息识读

基本信息分类	基本信息内容	基本信息出处
结构抗震等级		图纸 S001 结构设计总说明第 ________ 点
KZ2 混凝土强度等级		图纸 ________________________________ 第 ________ 点
KZ2 的环境类别		图纸 ________________________________ 第 ________ 点
钢筋保护层		图纸 ________________________________ 第 ________ 点
该类型基础数量		

2. KZ2 基本信息识读

KZ2 所在的基础编号是 ____________，该基础的顶面标高是 ____________。KZ2 的嵌固部位 ____________________，原因是 ________________________ ______________。该柱截面尺寸为 ______________________，高度范围从标高 ______________ 至标高 _________________，总高度为 __________，净高为 _____________。在基础里面预留的柱插筋规格是 ________________________。KZ2 的角筋规格是 ______________，b 边纵筋规格是 _______________，h 边纵筋规格是 ________________________，箍筋规格是 _______________，箍筋是

_____ 肢箍，加密区间距为 ___________，非加密区间距为 _______________，嵌固端箍筋加密区长度为 ________________________，非嵌固端箍筋加密区总长为 __________________________。

3. 根据 KZ2 基本信息，用 BIM 参数化模型，将钢筋进行翻样，翻样后，将模型上传课程平台。

4. 导出 CAD 格式留存，同时也上传课程平台，并填写 BIM 钢筋智慧翻样平台。

5. 将填写好的下料表导出留存，同时上传课程平台。

8.3 框架梁实训

【任务】阅读附录 2 教材用图纸 S302 地下室顶板梁配筋图，请给 S3-6 轴处 KL52 进行钢筋翻样下料。完成下面的实训任务。

1. 基本信息识读

基本信息见表 8.3。

表 8.3 基本信息识读

基本信息分类	基本信息内容	基本信息出处
结构抗震等级		图纸 S001 结构设计总说明第 ________ 点
KZ2 混凝土强度等级		图纸 ______________________________ 第 _______ 点
KL52 的环境类别		图纸 ______________________________ 第 _______ 点
钢筋保护层		图纸 ______________________________ 第 _______ 点
该梁支座 KZ 编号		

2. KZ52 基本信息识读

KZ52 共有 ____________________________ 跨，其中，3F～3D 轴的跨度是

__________________mm，净跨是__________________mm，其余跨的跨度是______________mm，净跨是______________________mm；KL52截面尺寸为______________________________mm。

上部通长筋的规格是______________________________，水平锚固长度是________________mm，竖直弯折锚固长度是_________________mm；3F轴上部纵筋的规格是______________________________，其中非通长筋是_______________，其伸出支座边缘的长度是_______________mm，水平锚固长度是______________mm；中间支座上部纵筋的规格是_______________，分_________排布置，上排有_________根，下排有_________根，其中非通长筋规格是__________________，上排有_________根，下排有_________根，非通长筋从3D轴支座边缘挑出深入3F～3D跨的长度是__________________mm，挑出支座边缘深入另一块的长度是__________________mm；另一边支座上部纵筋规格是__________________，非通长筋是__________________，其从支座边缘挑出跨内的长度是__________________mm。

3F～3D跨下部纵筋规格是__________________，其深入3F支座水平锚固长度是__________________mm，弯折段锚固长度是__________________mm，深入另一端支座的锚固长度是__________________mm；另一跨下部纵筋规格是__________________，在端支座水平锚固长度是__________________mm，弯折后锚固长度是__________________mm。

该梁箍筋规格是__________________，加密区间距是__________________mm，非加密区间距是__________________mm，加密区第一根箍筋距支座边缘为__________________mm，加密区长度为__________________mm。依据以上数据可以统计出箍筋的总数量为__________________根。

3. 根据KL52基本信息，用BIM参数化模型，将钢筋进行翻样，翻样后，将模型上传课程平台。

4. 导出CAD格式留存，同时也上传课程平台，并填写BIM钢筋智慧翻样平台。

5. 将填写好的下料表导出留存，同时上传课程平台。

8.4 楼板实训

【任务】阅读附录 2 教材用图纸 S301 地下室顶板模板及板配筋图，请给（S3-6//S2-5）×（S3-D//S3-F）轴板块进行钢筋翻样下料。完成下面的实训任务。

1. 基本信息识读

基本信息见表 8.4。

表 8.4 基本信息识读

基本信息分类	基本信息内容	基本信息出处
结构抗震等级		图纸 S001 结构设计总说明第 ________ 点
LB 混凝土强度等级		图纸 ________________________________ 第 _______ 点
环境类别		图纸 ________________________________ 第 _______ 点
钢筋保护层		图纸 ________________________________ 第 _______ 点
该梁支座 KL 编号		

2. 该板块基本信息识读

该板块两个方向的跨度分别是 D～F 跨 __________________ mm、6～7 跨 ____________ mm，D～F 净跨 ____________ mm，6～7 净跨 ____________ mm。

D～F 跨方向板底钢筋规格是 ___________，其锚固长度为 ___________ mm，锚固长度的依据在 ____________________________ 图纸中 ____________ 点有说明；6～7 跨方向板底钢筋规格是 ________________________，其锚固长度为 ____________ mm，锚固长度的依据在 ____________ 图纸中 ____________ 点有说明。

该板块面筋的规格是 ____________，与邻跨 ____________（是 / 否）贯通的。其中 F 轴支座处面筋的锚固长度是 ____________mm，依据在 ____________ 图纸中 ____________ 点有说明。

该板块 6 轴处板面附加筋规格是 ____________，7 轴处板面附加筋规格是 ____________，D 轴处板面附加筋规格是 ____________；根据该图纸说明本板块 ____________（是 / 否）需要配置温度筋。

3. 根据该板块基本信息，用 BIM 参数化模型将钢筋进行翻样，翻样后，将模型上传课程平台。

4. 导出 CAD 格式留存，同时上传课程平台，并填写 BIM 钢筋智慧翻样平台。

5. 将填写好的下料表导出留存，同时上传课程平台。

8.5 剪力墙实训

【任务】阅读附录 2 教材用图纸 12# 结构 S204，请给 7 层（11–4）轴 ×（A～C）轴处剪力墙块进行钢筋翻样下料。完成下面的实训任务。

1. 基本信息识读

基本信息见表 8.5。

表 8.5　基本信息识读

基本信息分类	基本信息内容	基本信息出处
结构抗震等级		图纸 S001 结构设计总说明第 ________ 点
剪力墙混凝土强度等级		图纸 ____________________ 第 ________ 点
环境类别		图纸 ____________________ 第 ________ 点
钢筋保护层		图纸 ____________________ 第 ________ 点
钢筋连接方式		

2. 该剪力墙基本信息识读

该剪力墙墙厚是 ____________，墙长 ______________，墙身水平分布筋是 __________________________，竖向分布筋是 ______________________________，拉结筋是 ____；GBZ1 的纵向钢筋是 ________________________，箍筋是 ________________________，GBZ19 的纵向钢筋是 ________________________，箍筋是 ________________________。

墙身水平分布筋在 GBZ1 中的端部做法为：抵住 GBZ1 最外侧竖向纵筋内侧，弯折长度是 ____________ d 即 ________________________mm，在 GBZ19 中端部做法为：抵住 GBZ19 外侧 ____________（水平 / 竖）向钢筋内侧，弯折长度是 ____________ d 即 ____________mm；竖向分布筋在本层的连接起点位于楼板顶面 ____________mm 起，连接点间距不小于 ____________mm，如果采用绑扎搭接连接，也可在楼板顶面 ____________ 部位搭接；墙身拉结筋宜同时勾住边墙身的 ____________（竖向 / 水平）钢筋和 ____________ 筋；拉筋弯钩采用 ____________，直段长为 ____________ d 即 ____________mm。

GBZ1 和 GBZ19 中的封闭箍筋弯钩角度为 ____________°，直段长为 ____________ d 即 ____________mm；拉筋弯钩角度为 ____________°，直段长为 ____________ d 即 ____________mm；宜同时勾住边缘构件的 ____________（竖向 / 水平）钢筋和 ____________ 筋；竖向钢筋长度为 ______________________。

3. 根据该剪力墙基本信息，用 BIM 参数化模型，将钢筋进行翻样，翻样后，将模型上传课程平台。

4. 导出 CAD 格式留存，同时上传课程平台，并填写 BIM 钢筋智慧翻样平台。

5. 将填写好的下料表导出留存，同时上传课程平台。

8.6　楼梯实训

【任务】阅读附录 2 教材用图纸塔楼楼梯大样图，请给负一层标高 -2.650～-0.050 的 CT 型楼梯进行钢筋翻样下料。完成下面的实训任务。

1. 基本信息识读

表 8.6　基本信息识读

基本信息分类	基本信息内容	基本信息出处
结构抗震等级		图纸 S001 结构设计总说明第 ________ 点
楼梯混凝土强度等级		图纸 ________________ 第 ________ 点
环境类别		图纸 ________________ 第 ________ 点
钢筋保护层		图纸 ________________ 第 ________ 点

2. 该 CT 型楼梯基本信息识读

该楼梯的梯板厚度是 ________________，低端平台板厚 ________________，高端平台板厚 ________________，混凝土等级为 ________________，两端 TL 截面尺寸为 ________ × ________，混凝土等级为 ________________。

梯板板底纵筋规格为 ________________，在低端的锚固段长度为 ________________，高端锚固长度总长为 ________________；低端面筋规格为 ________________，锚固段平行于梯板一段长度为 ________________，竖向弯折段为 ________________，从支座边缘挑出的水平净长为 ________________；高端面纵筋规格为 ________________，锚固段总长度为 ________________，从支座边缘挑出的水平净长为 ________________；分布筋规格为 ________________，梯板从支座边缘挑出的水平净长为

________________________。

3. 根据该 CT 型楼梯的基本信息，用 BIM 参数化模型将钢筋进行翻样，翻样后，将模型上传课程平台。

4. 导出 CAD 格式留存，同时上传课程平台，并填写 BIM 钢筋智慧翻样平台。

5. 将填写好的下料表导出留存，同时上传课程平台。

参考文献

[1] 中华人民共和国住房和城乡建设部 . 混凝土结构施工图平面整体表示方法制图规则和构造详图（现浇混凝土框架、剪力墙、梁、板）: 22G101-1[S]. 北京 : 中国标准出版社，2022:5.

[2] 中华人民共和国住房和城乡建设部 . 混凝土结构施工图平面整体表示方法制图规则和构造详图（现浇混凝土板式楼梯）: 22G101-2[S]. 北京：中国标准出版社，2022:5.

[3] 中华人民共和国住房和城乡建设部 . 混凝土结构施工图平面整体表示方法制图规则和构造详图（独立基础、条形基础、筏形基础、桩基础）: 22G101-3[S]. 北京：中国标准出版社，2022:5.

附录 1

关键概念

1. 通用概念

平面注写方式：平面注写方式系在结构平面布置图上，分别在不同编号的构件中各选一个构件，在其上注写截面尺寸和配筋具体数值的方式来表达构件的平法施工图。

集中标注：集中标注系在结构平面图上集中引注：构件编号、截面竖向尺寸、配筋三项必注内容，以及构件标高（与同层其他标准标高不同时）和必要的文字注解两项选注内容。

原位标注：原位标注是在结构平面布置图上标注构件的平面尺寸。对相同编号的构件，可选择一个进行原位标注，其他相同编号者仅注编号。

混凝土保护层：指最外层钢筋外边缘至最近混凝土表面的距离，构件中受力钢筋的保护层厚度不应小于钢筋的公称直径。

2. 独立基础

独立基础：独立基础是指现浇钢筋混凝土柱下的单独基础。其施工特点是柱子与基础整浇为一体。其形式有阶梯形、锥形等。

3. 框架柱

（1）嵌固部位

①框架柱嵌固部位在基础顶面时，无须注明。

②框架柱嵌固部位不在基础顶面时，在层高表嵌固部位标高下使用双细线注明，并在层高表下注明上部结构嵌固部位标高。

③框架柱嵌固部位不在地下室顶板，但仍需考虑地下室顶板对上部结构实际存在嵌固作用时，可在层高表地下室顶板标高下使用双虚线注明，此时首层柱端箍筋加密区长度范围及纵筋连接位置均按嵌固部位要求设置。如附图 3-1 所示。

（2）柱净高

如附图 3-2，框架柱净高为本层层高减去与框架柱相关联两个方向梁高较大值。

附图 3-1

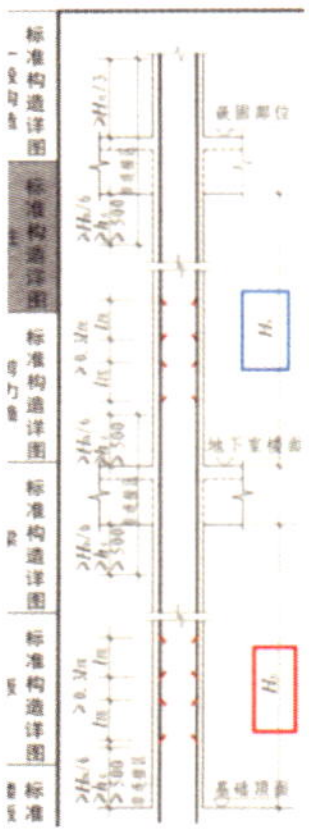

附图 3-2

（3）KZ 箍筋类型

KZ 的箍筋类型表示为 $m \times n$，如附图 3-3 所示，m 表示竖向箍筋的数量，n 表示横向箍筋的数量。

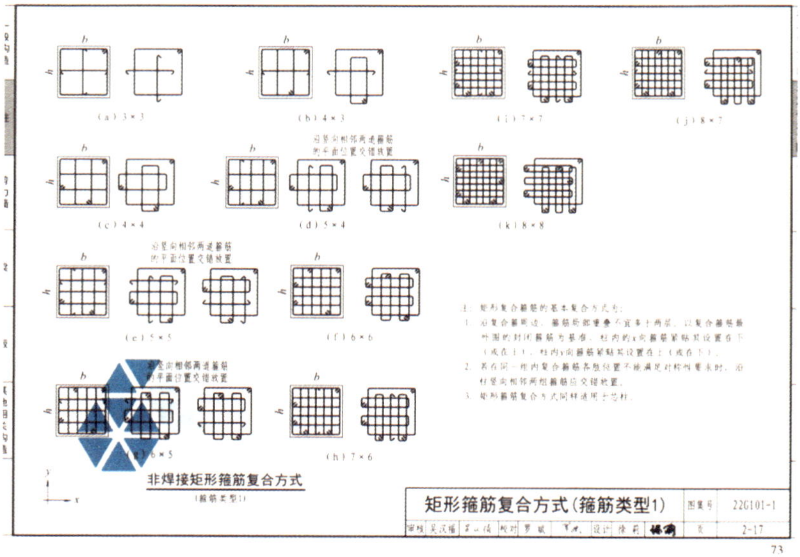

附图 3-3　箍筋样式图示

4. 框架梁

框架梁：至少一端以框架柱或剪力墙为支座的梁。

梁的跨度 l_0：从梁支座中心线到相邻支座中心线之间的距离。

梁的净跨 l_n：梁支座内侧至相邻支座内侧之间的距离。

5. 剪力墙

剪力墙：剪力墙又称抗风墙或抗震墙，主要作用是在房屋建筑中承受风荷载或地震作用引起的水平荷载，防止结构剪切破坏，一般用钢筋混凝土和现浇钢筋混凝土筑成。剪力墙一般由墙身、墙柱（边缘构件）、墙梁（连梁）构成。

约束 / 构造边缘构件：在剪力墙结构中设置在剪力墙竖向边缘，旨在改善剪力墙受力性能的暗柱称为剪力墙边缘构件。按照构造要求的不同分为约束边缘构件和构造边缘构件，按照轮廓形状分为暗柱、端柱、翼墙柱（T 型、十字型）和转角墙柱（L 型）。

水平 / 竖向分布钢筋：墙梁（连梁）与墙柱（边缘构件）之外的墙身纵筋和横筋称作剪力墙分布钢筋，分为剪力墙水平分布钢筋和剪力墙竖向分布钢筋。

6. 楼梯

楼梯类型、楼梯代号：《22G101》将楼梯分为 14 种类型，其楼梯代号分别为 AT、BT、CT、DT、ET、FT、GT、ATa、ATb、ATc、BTb、CTa、CTb、DTb；其中：AT、BT、CT、DT、ET、FT、GT 适用于剪力墙、砌体结构；ATa、ATb、ATc、BTb、CTa、CTb、DTb 适用于框架结构、框剪结构中框架部分；除 ATc 类楼梯外，其他类型的楼梯均不参与结构整体抗震计算。

梯板：由踏步段、低端梯梁、高端梯梁、中位平板等构成的楼梯的主体段。典型的梯板如附图 6-1 所示。

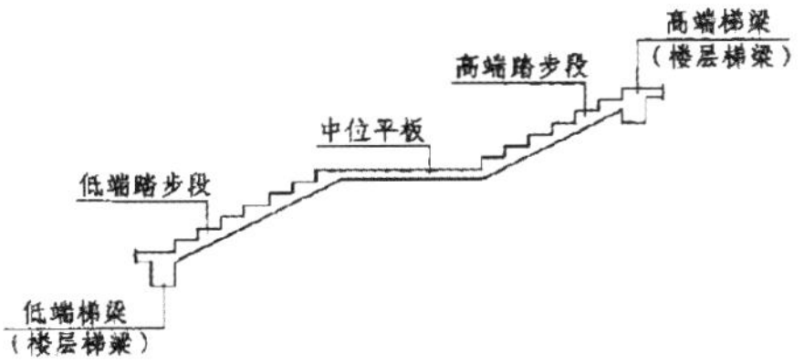

附图 6-1　典型梯板示意

梯梁：梯段的支座，梯梁的平法注写方式与框架梁相同。

平台板：特指除低端平板、高端平板、中位平板外的其他楼梯休息平台板；位于楼层的平台板配筋可绘制在楼梯平面图中，也可在各层梁板配筋图中绘制；层间平台梁板配筋在楼梯平面图中绘制。

附图 6-2 为 AT 型楼梯的平台板、梯梁和梯板。

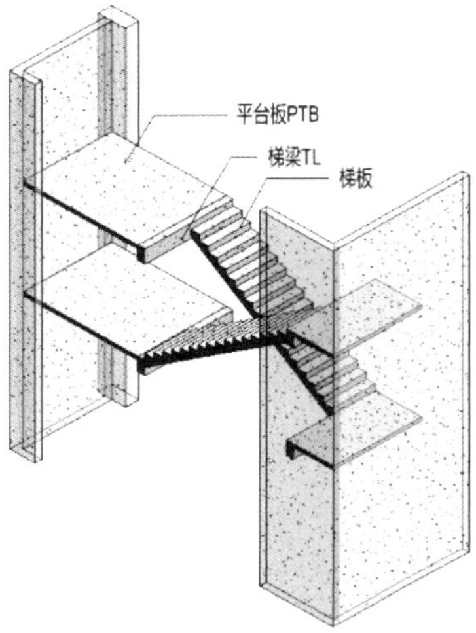

附图 6-2　AT 型楼梯平台板、梯梁和梯板示意

附录 2

教材用图纸取用地址

https：//mooc1.chaoxing.com/coursedata？ classId=50295192&courseId=207323455&type=1&ut=t&enc=06a087276b1a7afea5c039af05c02908&cpi=28692702&openc=13e89013f2a4d98db7f3ecb2f008025f

附录 3

实训用构件BIM模型下载地址

https：//mooc1.chaoxing.com/coursedata？ classId=50295192&courseId=207323455&type=1&ut=t&enc=06a087276b1a7afea5c039af05c02908&cpi=28692702&openc=13e89013f2a4d98db7f3ecb2f008025f